卫生监督培训模块丛

丛书总主编 卢 伟

副 总 主 编 李力达

曹晓红 朱素蓉

公共卫生监督卷

食品安全标准

李凌雁 主编

内容提要

本书共分四个模块，包括食品安全标准概述、食品安全标准宣贯与跟踪评价、食品安全地方标准管理和食品安全企业标准备案。本书立足工作实际，实践性强，适合从事食品安全标准工作的卫生监督员阅读。

图书在版编目(CIP)数据

食品安全标准/ 卢伟总主编；李凌雁主编. —上海：上海交通大学出版社，2018
ISBN 978-7-313-19200-4

Ⅰ. ①食… Ⅱ. ①卢… ②李… Ⅲ. ①食品安全—安全标准—中国 Ⅳ. ①TS201.6-65

中国版本图书馆 CIP 数据核字(2018)第 063338 号

食品安全标准

主　　编：李凌雁
编写人员：田晨曦
出版发行：上海交通大学出版社　　地　　址：上海市番禺路 951 号
邮政编码：200030　　电　　话：021-64071208
出 版 人：谈　毅
印　　制：上海盛通时代印刷有限公司　　经　　销：全国新华书店
开　　本：710 mm×1000 mm　1/32　　印　　张：4.375
字　　数：69 千字
版　　次：2018 年 3 月第 1 版　　印　　次：2018 年 3 月第 1 次印刷
书　　号：ISBN 978-7-313-19200-4/TS
定　　价：25.00 元

丛书总序

为适应建设“卓越的全球城市和社会主义现代化国际大都市”和“健康上海”发展战略需要，在卫生行政“放管服”和深化医药卫生体制机制改革的大背景下，上海卫生监督面临前所未有的发展机遇和现实挑战。

为持续加强卫生监督员职业胜任力，提升卫生监督员的执法能力和监督水平，打造胜任、高效的卫生监督员队伍，上海卫生监督机构通过专业化和模块化培训模式，对监督员开展专业、管理、法律法规、执法技能等专项培训，对核心和骨干人员开展促进职业发展和综合素养提高的强化培训，对管理干部开展塑质增能轮训，取得了良好效果。

上海市卫生和计划生育委员会监督所在总结多年培训素材的基础上组织编写了这套卫生监督员培训教材，以期有助于各级各类卫生监督员培训和自学。

本套教材包括卫生监督基础和信息管理、公

共卫生监督、医疗执业和计划生育监督三卷、十七个分册，具有以下特色：

一是系统全面。本套教材对卫生监督工作涉及的工作环节、专业知识、法律法规、流程等进行了系统梳理，全面涵盖了卫生监督工作的内容。

二是模块化编辑。本套教材围绕卫生监督员职业胜任力要素，按照工作分析的结果，把岗位从事的某一项工作所需要的知识归结为一个模块；每一个模块既相互独立，又从属于某一专项工作；模块之间界限既清晰又关联。模块化的编辑方式大大方便了使用者根据自身的实际情况按需选择、组合使用；有针对性地、有选择地进行专项知识、技能的充实和提高，弥补个体短板。

三是体现新变化。本套教材特别增加了信息管理管理分册、公务员与依法行政分册，适应信息技术的发展变化和执法应用，顺应我国卫生监督机构和人员参照公务员法管理的体制变化新形势。教材使用最新修订的法律法规、技术规范和标准，吸收了新知识、体现了新变化，做到了与时俱进。

为编好本套教材，我们成立了编委会，组织了工作班子和编写队伍。前期开展了相关的研究，召开了多次专家研讨会、审稿会、协调会等，为教材的出版奠定了基础。

在本套教材编辑出版的过程中，得到了上海

市卫生和计划生育委员会的领导、相关专家学者，以及上海交通大学出版社的大力支持和热心帮助，为教材的顺利、高质量出版提供了有力保障。在此一并致谢。

非常感谢参加本套教材编写的各位同仁，他们牺牲了许多休息时间，为教材的出版付出了卓有成效的辛勤劳动。

由于编写的时间紧、任务重、相互协调工作量大等原因，本套教材难免存在疏漏和不足之处，恳请各位不吝赐教。我们相信，在各位的帮助下，我们一定能不断改进完善、不断提高教材的质量，为我国的卫生监督员队伍的建设和发展做出应有的贡献。

卢　伟

2018 年 3 月

目 录

模块一 食品安全标准概述

课程一 食品安全标准概述 ······················ 3
一、食品安全标准历史沿革 ············ 4
二、食品安全国家标准体系与管理模式 ······································· 8
三、食品安全地方标准体系与管理模式 ································· 43
四、卫生监督部门的工作职责与内容 ································· 47

模块二 食品安全标准宣贯与跟踪评价

课程二 食品安全标准宣贯 ····················· 51
一、食品安全标准宣贯概述 ········ 51

二、食品安全国家标准宣贯 ········ 51
三、食品安全地方标准宣贯 ········ 55

课程三 食品安全标准跟踪评价 ·············· 56
一、食品安全标准跟踪评价的依据、内容与方法 ················ 56
二、食品安全国家标准跟踪评价及意见反馈平台的使用与管理······ 60
三、食品安全地方标准跟踪评价意见反馈平台的使用与管理······ 63

模块三 食品安全地方标准管理

课程四 上海市食品安全地方标准审评委员会 ································· 68
一、上海市食品安全地方标准审评委员会(以下简称委员会)工作职责 ···························· 68
二、委员会工作原则 ················ 69
三、委员会的组织机构 ·············· 69
四、委员会的运行方式 ·············· 70
五、委员会委员的管理 ·············· 72

六、标准审查 …………………… 75

课程五　食品安全地方标准管理 ……………… 77
一、食品安全地方标准制(修)订…… 77
二、食品安全地方标准修改 ……… 81
三、食品安全地方标准文本内容…… 82

模块四　食品安全企业标准备案

课程六　食品安全企业标准备案概述 ……… 87
一、食品安全企业标准法律体系
概述 ………………………… 87
二、食品安全企业标准备案历史
沿革 ………………………… 88
三、食品安全企业标准备案原则…… 94

课程七　食品安全企业标准核对流程 ……… 95
一、食品安全企业标准备案流程…… 95
二、食品安全企业标准备案审查
要点 ………………………… 97

课程八　食品安全企业标准备案系统……… 107
一、食品安全企业标准备案系统框架 ……………………… 107
二、外网申请平台的使用指南 …… 109
三、内网许可平台的使用指南 …… 116

课程九　食品安全标准信息服务平台……… 124
一、平台概况 ……………………… 124
二、公示模块 ……………………… 125
三、公开模块 ……………………… 126

课程十　食品安全企业标准备案系统常见问题问答……………………… 128

模块一
食品安全标准概述

课程一　食品安全标准概述

“国以民为本，民以食为天，食以安为先”。食物是人类生存、劳动和繁衍的物质基础，食品安全是人体健康、国家安定和社会发展的根本要素。2009年6月1日实施的《中华人民共和国食品安全法》[以下简称“《食品安全法》(2009)”]明确指出：食品安全是指食品无毒、无害，符合应当有的营养要求，对人体健康不造成任何急性、亚急性或者慢性危害。

标准是为了在一定范围内获得最佳秩序，经协商一致制定并由公认机构批准，共同使用和重复使用的一种规范性文件。食品安全标准以保障公众身体健康为宗旨，是政府管理部门为保证食品安全、防止食源性疾病的发生，对食品生产经营过程中影响食品安全的各种要素以及各关键环节所规定的统一的强制性技术要求。

一、食品安全标准历史沿革

我国食品卫生标准的发展历史可以追溯到20世纪50年代。20世纪50年代到60年代是建国后我国经济的恢复和建设时期，这一时期的食品卫生标准主要是各种单项标准或规定。1974年原卫生部下属的中国医学科学院卫生研究所负责并组织全国卫生系统制定出了14类54个食品卫生标准和12项卫生管理办法，并于1978年5月开始在全国试行。20世纪90年代《中华人民共和国食品卫生法》[以下简称"《食品卫生法》"]得以颁布执行，原卫生部成立了包括食品卫生标准技术分委员会在内的全国卫生标准技术委员会，并开始研制包括污染物、生物毒素限量标准、食品添加剂使用卫生标准、营养强化剂使用卫生标准、食品容器及包装材料卫生标准、辐照食品卫生标准、食物中毒诊断标准以及理化和微生物检验方法等在内的食品卫生标准。

原卫生部定期组织食品卫生标准委员会开展食品卫生标准的年度计划制定和中长期规划制定工作。在计划和规划的制定过程中，充分体现了卫生标准为人民健康服务、为社会服务的原则，本着立项合理、重点突出、优先考虑监督执法和加入世界贸易组织(World Trade Organization，WTO)后急需标准项目的精神开展了标准立项工作。例如，在2003年的食品卫生标准制修订计划中，列入了“食品中真菌毒素限量”“特殊医用食品”“食品中农药残留”“食品容器、包装材料用助剂”等密切相关且市场监管中急需的标准项目。

我国加入WTO后，食品卫生标准受到了世人空前的关注。2001年和2004年，在原卫生部的领导下，全国食品卫生标准委员会对我国的食品卫生标准进行了两次全面的清理整顿，删除了无卫生学意义的指标和规定，提高了标准的覆盖率，增强了食品卫生标准与产品质量标准的对应性，提高了与国际食品法典委员会(Codex Alimentarius Committee，CAC)标准的协调一致性。

食用农产品质量安全标准、食品质量标准和有关食品的行业标准分别由我国相应的政府主管部门管理，经过若干年的发展，基本形成了相对独立的体系。据国务院新闻办2007年发布的《中国的食品质量安全状况》白皮书统计，我国已发布涉及食品安全的食用农产品质量安全标准、食品卫生标准、食品质量标准等国家标准1 800余项，食品行业标准2 900余项，而且出现了不同部门制定的标准之间不协调，存在交叉，甚至互相矛盾等问题。为解决一种食品同时有食品卫生标准、食品质量标准以及使用农产品质量安全标准等多套标准的问题，从制度上确保食品安全标准的统一，《食品安全法》(2009)要求国务院卫生行政部门对现行的食用农产品质量安全标准、食品卫生标准、食品质量标准和有关食品的行业标准中强制执行的标准予以整合，统一公布为食品安全国家标准。从《食品安全法》(2009)颁布实施至2015年《中华人民共和国食品安全法》[以下简称“《食品安全法》(2015)”]修订公布，国家卫生计生委按照要求对我国现行相关食品标准予以清理整合，经食品安全国家标准审评委员会审议通过、国家卫生计生委(或国家卫生计生委和农业部联合)制定公布的食品安全国家标准600余项，包括污染物、真菌毒素、农药残留、食品添加剂、营养强化剂、预包装食品标签和营养标签通则等基础标准，乳品、酒类、食品相关产品、卫生规范、检验方法等专项标准，初步建成了检验方法与限量标准相配套、操作规范与产品标准相配套、基础标准与专项标准协调的食品安全标准体系，部分解决了现行相关食品标准间的交叉、重复、矛盾问题。

《食品安全法》(2009)实施6年多以来，食品安全标准体系进一步完善，食用农产品质量安全标准、食品卫生标准、食品质量标准和有关食品的行业标准中强制执行标准的清理整合工作已经基本完成。《食品安全法》(2015)修订过程中,更加突出预防为主、风险管理、全程控制、社会共制的原则,进一步完善食品安全风险监测、风险评估和食品安全标准等基础性制度,逐步打造最严谨的食品安全标准体系。为使标准的制定和实践紧密结合,增强标准的科学性和可操作性,《食品安全法》(2015)规定,食品安全国家标准由国务院卫生行政部门会同国务院食品药品监督管理部门制定、公布,食品中农药残留、兽药残留的限量规定及其检验方法与规程由国务院卫生行政部门、国务院农业行政部门会同国务院食品药品监督管理部门制定。我国幅员辽阔,历史悠久,气候复杂,民族众多,在特定区域内存在许多具有地域特性的食品或者饮食模式。为规范食品安全国家(卫生)标准体系不能涵盖的少数食品,1995 年《食品卫生法》中规定,国家未制定卫生标准的食品,省、自治区、直辖市人民政府可以制定地方卫生标准,在《食品安全法》(2009)中将食品卫生地方标准的概念修改为食品安全地方标准,此时,食品安全地方标准、食品安全国家标准均纳入食品安全标准的范畴。

在《食品安全法》(2015)发布实施之前,共有20 个省、自治区、直辖市人民政府卫生行政部门发布了159项食品安全地方标准，其中上海制定了上海市食品安全地方标准27项；然而随着食品安全国家标准体系的日益完善，食品安全地方标准与国家标准相重复的情况逐步增多。随后在《食品安全法》(2015)中将食品安全地方标准的概念明确为："对地方特色食品，没有食品安全国家标准的，省、自治区、直辖市人民政府卫生行政部门可以制定并公布食品安全地方标准，报国务院卫生行政部门备案。"至此，我国形成了对食品或地方特色食品中各种影响消费者健康的危害因素进行控制的食品安全标准体系。

二、食品安全国家标准体系与管理模式

《食品安全法》(2015)中规定，食品安全标准应当包括下列内容：① 食品、食品添加剂、食品相关产品中的致病性微生物，农药残留、兽药残留、生物毒素、重金属等污染物质以及其他危害人体健康物质的限量规定；② 食品添加剂的品种、使用范围、用量；③ 专供婴幼儿和其他特定人群的主辅食品的营养成分要求；④ 对与卫生、营养等食品安全要求有关的标签、标志、说明书的要求；⑤ 食品生产经营过程的卫生要求；⑥ 与食品安全

有关的质量要求；⑦ 与食品安全有关的食品检验方法与规程；⑧ 其他需要制定为食品安全标准的内容。

食品安全国家标准体系大致分为基础标准、产品标准(食品、食品相关产品、食品添加剂)、生产经营过程卫生规范、检验方法与规程四类。

(一) 食品中污染物标准

食品中污染物是指食品从生产(包括农作物种植、动物饲养和兽医用药)、加工、包装、贮存、运输、销售直至食用等过程中产生的或由环境污染带入的、非有意加入的有毒有害物质，包括化学性、物理性和生物性的污染物。食品安全国家标准中主要包括《食品安全国家标准 食品中真菌毒素限量》(GB 2761)和《食品安全国家标准 食品中污染物限量》(GB 2762)。

食品中污染物是食品在从生产(包括农作物种植、动物饲养和兽医用药)、加工、包装、贮存、运输、销售、直至食用过程中产生的或由环境污染带入的、非有意加入的化学性危害物质。因此需要采取控制措施以确保食品中污染物含量在安全限值之下，但制订限量标准是途径之一，不是唯一手段。生产者应主动采取控制措施，使食品中污染物的含量尽可能达到最低水平，即国际食品法典

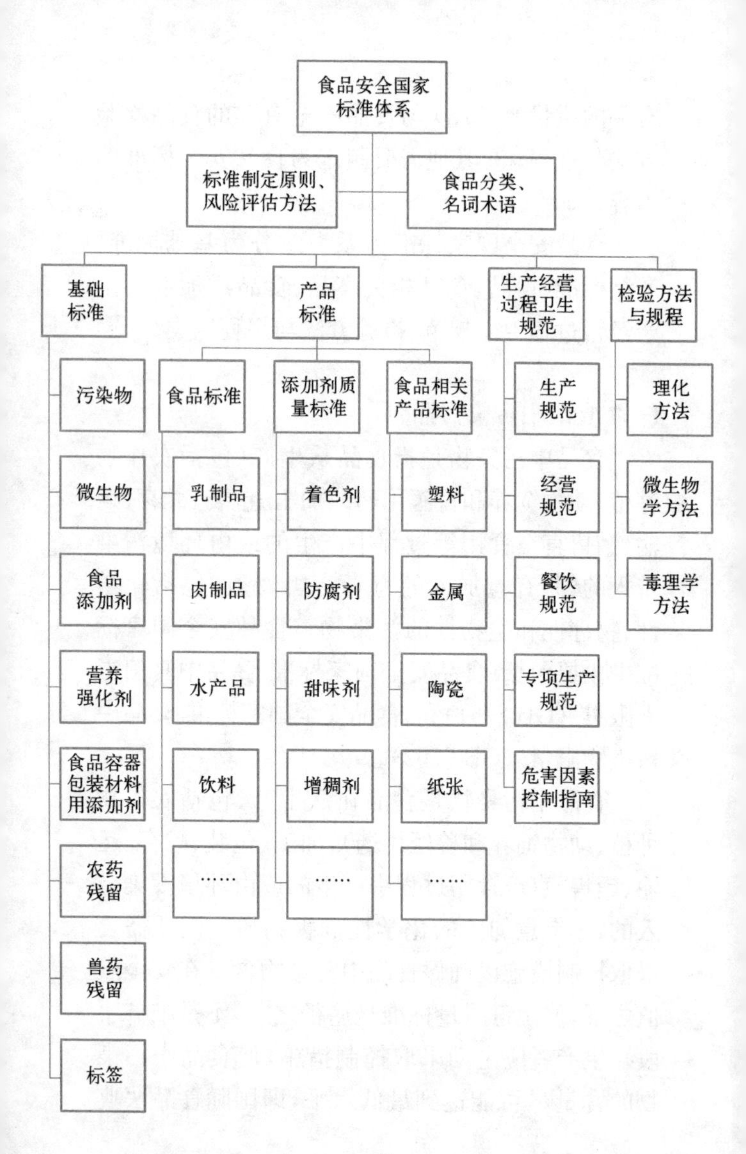
食品安全国家标准体系
标准制定原则、风险评估方法
食品分类、名词术语
基础标准
产品标准
生产经营过程卫生规范
检验方法与规程
污染物
微生物
食品添加剂
营养强化剂
食品容器包装材料用添加剂
农药残留
兽药残留
标签
食品标准
添加剂质量标准
食品相关产品标准
乳制品
肉制品
水产品
饮料
……
着色剂
防腐剂
甜味剂
增稠剂
……
塑料
金属
陶瓷
纸张
……
生产规范
经营规范
餐饮规范
专项生产规范
危害因素控制指南
理化方法
微生物学方法
毒理学方法

委员会(Codex Alimentarius Commission，CAC)对污染物的管理原则——ALARA 原则(As Low As Reasonably Achievable)。这一原则也被引入了 GB 2761 和 GB 2762 的应用原则。

自《食品安全法》(2009)颁布实施以来，以原有标准为基础，结合风险评估结果，对我国现行有效的食用农产品质量安全标准、食品卫生标准、食品质量标准以及有关食品的行业标准中强制执行的真菌毒素的指标进行梳理，形成《食品安全国家标准 食品中真菌毒素限量》(GB 2761—2011)。2017 年国家卫生计生委会同食药监总局依据食品安全风险监测数据、居民膳食调查数据以及食品安全风险评估结果，发布了《食品安全国家标准 食品中真菌毒素限量》(GB 2761—2017)。GB 2761 中规定了食品中黄曲霉毒素 B_1、黄曲霉毒素 M_1、脱氧雪腐镰刀菌烯醇、展青霉素、赭曲霉毒素 A 及玉米赤霉烯酮等 6 种真菌毒素在谷物、坚果、乳品、油脂、饮料、酒类、调味品等 10 大类食品的限量规定。标准中真菌毒素指真菌在生长繁殖过程中产生的次生有毒代谢产物；可食用部分指食品原料经过机械手段(如谷物碾磨、水果剥皮、坚果去壳、肉去骨、鱼去刺、贝去壳等)去除非食用部分后，所得到的用于食用的部分；限量指真菌毒素在食品原料和(或)食品成品可食用部分中允许的最大含量水平。

自《食品安全法》(2009)颁布实施以来，以原有标准为基础，结合风险评估结果，对我国现行有效的食用农产品质量安全标准、食品卫生标准、食品质量标准以及有关食品的行业标准中强制执行的污染物的指标进行梳理，形成《食品安全国家标准 食品中污染物限量》(GB 2762—2012)。2017年国家卫生计生委会同食药监总局依据食品安全风险监测数据、居民膳食调查数据以及食品安全风险评估结果，发布了《食品安全国家标准 食品中污染物限量》(GB 2762—2017)。GB 2762规定了本标准规定了食品中铅、镉、汞、砷、锡、镍、铬、亚硝酸盐、硝酸盐、苯并[a]芘、N-二甲基亚硝胺、多氯联苯、3-氯-1,2-丙二醇的限量指标。标准中污染物指食品在从生产(包括农作物种植、动物饲养和兽医用药)、加工、包装、贮存、运输、销售，直至食用等过程中产生的或由环境污染带入的、非有意加入的化学性危害物质。本标准所规定的污染物是指除农药残留、兽药残留、生物毒素和放射性物质以外的污染物；可食用部分指食品原料经过机械手段(如谷物碾磨、水果剥皮、坚果去壳、肉去骨、鱼去刺、贝去壳等)去除非食用部分后，所得到的用于食用的部分；限量指污染物在食品原料和(或)食品成品可食用部分中允许的最高含量水平。

GB 2761 及 GB 2762 在实施中应当遵循的原则是：

（1）食品生产企业应当严格依据法律法规和标准组织生产，符合食品污染物（真菌毒素）限量标准要求。

（2）对标准未涵盖的其他食品污染物（真菌毒素），或未制定限量管理值或控制水平的，食品生产者应当采取控制措施，使食品中污染物（真菌毒素）含量尽可能达到最低水平。

（3）重点做好食品原料污染物（真菌毒素）控制，从食品源头降低和控制食品中污染物（真菌毒素）。

（4）鼓励生产企业采用严于 GB 2761、GB 2762 的控制要求，严格生产过程食品安全管理，降低食品中污染物（真菌毒素）的含量，推动食品产业健康发展。

（二）食品中微生物标准

微生物污染是引发食源性疾病的主要原因之一，其中细菌性污染涉及面最广、影响最大、问题最多，制定食品中微生物标准对于确保食品安全具有重要意义，也是食品安全标准的重要组成部分。当前我国的食品微生物限量标准由《食品安

全国家标准 食品中致病菌限量》(GB 29921—2013)和分布于各产品标准的指示菌限量构成。

致病菌是常见的致病性微生物，能够引起人或动物疾病。食品中的致病菌主要有沙门氏菌、副溶血性弧菌、致病性大肠杆菌、金黄色葡萄球菌、单核细胞增生李斯特菌等。为了控制食品中致病菌污染，预防食源性疾病，GB 29921 是在食品中致病菌风险监测和风险评估基础上，综合分析相关致病菌或其代谢产物可能造成的健康危害、原料中致病菌情况、食品加工、贮藏、销售和消费等各环节致病菌变化情况，充分考虑各类食品的消费人群和相关致病菌指标的应用成本/效益分析等因素，得出的致病菌限量指标。

《食品安全法》规定，食品安全标准应当包括食品、食品相关产品中的致病性微生物、农药残留、兽药残留、重金属、污染物质以及其他危害人体健康物质的限量规定。在完成食品安全标准清理整合工作之前，我国涉及食品致病菌限量的现行食品标准共计 500 多项，标准中致病菌指标的设置存在重复、交叉、矛盾或缺失等问题。为控制食品中致病菌污染，预防微生物性食源性疾病发生，同时整合分散在不同食品标准中的致病菌限量规定，国家卫生计生委委托国家食品安全风险评估中心牵头起草《食品中致病菌限量》(GB 29921—

2013，以下简称 GB 29921）。标准经食品安全国家标准审评委员会审查通过，于 2013 年 12 月 26 日发布，自 2014 年 7 月 1 日正式实施。

GB 29921 规定了肉制品、水产制品、即食蛋制品、粮食制品、即食豆类制品、巧克力类及可可制品、即食果蔬制品、饮料、冷冻饮品、即食调味品、坚果籽实制品 11 类食品中沙门氏菌、单核细胞增生李斯特氏菌、大肠埃希氏菌 O157∶H7、金黄色葡萄球菌、副溶血性弧菌等 5 种致病菌限量规定。GB 29921 适用于预包装食品，非预包装食品的生产经营者应当严格生产经营过程卫生管理，尽可能降低致病菌污染风险。在 2013 年 GB 29921发布以前，原卫生部公布了乳与乳制品、特殊膳食食品等一系列食品安全国家标准，这些标准的制定充分考虑了我国的实际情况，同时参考了相关国际标准，因此 GB 29921 中未列入乳与乳制品、特殊膳食食品的致病菌限量，仍按现行有效的食品安全国家标准产品标准执行。由于蜂蜜、脂肪和油及乳化脂肪制品、果冻、糖果、食用菌等食品或原料的微生物污染的风险很低，参照 CAC、国际食品微生物标准委员会（International Commission of Microbiological Specializations on Food，ICMSF）等国际组织的制标原则，暂不设置上述食品的致病菌限量。罐头食品应达到商业无菌要求，不适用于本标准。

沙门氏菌是全球和我国细菌性食物中毒的主要致病菌，各国普遍提出该致病菌限量要求。GB 29921起草时通过梳理我国现行食品标准中沙门氏菌规定，参考CAC、ICMSF、欧盟、澳大利亚和新西兰、美国、加拿大、香港、台湾等国际组织、国家和地区的即食食品中沙门氏菌限量标准及规定，按照二级采样方案对所有11类食品设置沙门氏菌限量规定，具体为n=5，c=0，m=0（即在被检的5份样品中，不允许任一样品检出沙门氏菌）。

单核细胞增生李斯特氏菌是重要的食源性致病菌。鉴于我国没有充足的临床数据支持，GB 29921起草时根据我国风险监测结果，从保护公众健康角度出发，参考联合国粮农组织/世界卫生组织即食食品中单核细胞增生李斯特氏菌的风险评估报告和CAC、欧盟、ICMSF等国际组织和地区即食食品中单核细胞增生李斯特氏菌限量标准，按二级采样方案设置了高风险的即食肉制品中单核细胞增生李斯特氏菌限量规定，具体为n=5，c=0，m=0（即在被检的5份样品中，不允许任一样品检出单增李斯特菌）。

大肠埃希氏菌O157：H7曾通过牛肉和蔬菜在美国、日本等相关国家引起相关食源性疾病。

我国虽无典型的预包装熟肉制品引发的大肠埃希氏菌 O157∶H7 食源性疾病，但为降低消费者健康风险，结合风险监测和风险评估情况，GB 29921 起草时按二级采样方案设置熟牛肉制品和生食牛肉制品、生食果蔬制品中大肠埃希氏菌 O157∶H7 限量规定，具体为 n=5，c=0，m=0（即在被检的 5 份样品中，不允许任一样品检出大肠埃希氏菌 O157∶H7）。

金黄色葡萄球菌是我国细菌性食物中毒的主要致病菌之一，其致病力与该菌产生的金黄色葡萄球菌肠毒素有关。GB 29921 起草时根据风险监测和评估结果，参考 CAC、ICMSF、澳大利亚和新西兰、香港、台湾等国际组织、国家和地区不同类别即食食品中金黄色葡萄球菌限量标准，按三级采样方案设置肉制品、水产制品、粮食制品、即食豆类制品、即食果蔬制品、饮料、冷冻饮品及即食调味品 8 类食品中金黄色葡萄球菌限量，具体为 n=5，c=1，m=100 CFU/g(mL)，M=1 000 CFU/g(mL)，即食调味品中金黄色葡萄球菌限量为 n=5，c=2，m=100 CFU/g(mL)，M=10 000 CFU/g(mL)。

副溶血性弧菌是我国沿海及部分内地区域食物中毒的主要致病菌，主要污染水产制品或者交叉污染肉制品等，其致病性与带菌量及是否携带致病基因密切相关。GB 29921 起草时通过梳理原有水产品中副溶血性弧菌的相关标准，结合风险监测和风险评估结果，参考 ICMSF、欧盟、加拿大、日本、澳大利亚和新西兰、香港等国际组织、国家和地区的水产品中副溶血性弧菌限量标准，按三级采样方案设置水产制品、水产调味品中副溶血性弧菌的限量，具体为 n=5，c=1，m=100 MPN/g(mL)，M=1 000 MPN/g(mL)。

志贺氏菌属是一类革兰氏阴性杆菌，是人类细菌性痢疾最为常见的病原菌，通称痢疾杆菌。志贺氏菌污染通常是由于手被污染、食物被飞蝇污染、饮用水处理不当或者下水道污水渗漏所致。根据我国志贺氏菌食品安全事件情况，以及我国多年风险监测极少在加工食品中检出志贺氏菌，参考 CAC、ICMSF、欧盟、美国、加拿大、澳大利亚和新西兰等国际组织、国家和地区规定，GB 29921 中未设置志贺氏菌限量规定。

卫生指示菌作为反映食品卫生整体状况的重要指标，一直广泛存在于我国的各类食品卫生标准中，食品中通过检查指示菌的办法，可以推测食品受粪便污染的程度和病原菌存在的可能性，以及食品加工、贮存过程中的卫生状况。在食品安全国家标准体系中，以下情况原则上不设定指示菌指标：

（1）食品原料或中间产品（如粮食、鲜蛋、鲜冻畜禽肉、鲜冻动物性水产品、食用菌、食用大豆粕、淀粉糖等）；

（2）食品基质不适合微生物生长繁衍的食品（如：酒类、食糖等）；

（3）食品中含有好氧和兼性厌氧益生菌的产品不设定菌落总数（如发酵乳）；

（4）生产规范标准中已有指示菌限量要求的产品。

在以下情况，需要重点考虑设置指示菌：

（1）婴幼儿、儿童消费量大或国际上重点控制的食品（如婴幼儿配方食品、膨化食品、乳与乳制品等）；

（2）预包装即食食品（如蜂蜜、即食豆制品等）；

（3）食品中水分活度较高（$\alpha_w > 0.86$）或食品中其他有利于微生物生长的物质含量较高（如糕点、面包等）；

（4）工业化程度低、生产加工过程容易交叉污染的食品（如酱腌菜、坚果与籽类等）。

食品中常见的指示菌有菌落总数、大肠菌群、粪大肠菌群、大肠杆菌、霉菌和酵母菌等。

菌落总数（aerobic plate count，APC），是指在被检样品的单位质量（g）、容积（mL）或表面积（cm^2）内，在一定条件下培养后所生成的细菌菌落的总数，主要反映的是食品收微生物污染的状况，或其清洁状况。食品有可能被多种细菌所污染，每种细菌都有它一定的生理特性，培养时应用不同的营养条件及其生理条件（如温度、培养时间、pH、需氧性质等）去满足其要求，才能分别将各种细菌培养出来。一般只规定一种通常的方法去做菌落总数的测定，所得结果，不是样品中实际的总活菌数，也不能表明污染菌的种类，测定结果只包括需氧或兼性厌氧的、嗜中温的、能在平板计数琼脂上生长发育的一群细菌的菌落数，反映了食品中污染的大多数可培养的细菌状况。菌落总数是我国食品安全标准中最常用的指示菌之一，不仅作为食品被细菌污染程度的标志（或食品清洁状态的标志），还用来预测食品的贮存期，有着重要卫生学意义。

大肠菌群（coliform），是指一群好氧及兼性厌氧，在 36℃经 24 h～48 h 能发酵乳糖、产酸产气的革兰氏阴性无芽孢杆菌。它主要包括肠杆菌科的埃希氏菌属、肠杆菌属、柠檬酸杆菌属和克雷伯氏菌属等。它不是细菌分类学上的一个类别，而是一个卫生学概念。大肠菌群成员中以埃希氏菌属为主，称为典型大肠杆菌。其他三属习惯上称为非典型大肠杆菌。大肠菌群主要来源于人畜的粪便，且检测步骤简单，因此该项目的检测被用于水质卫生的指示菌，或作为食品加工环境卫生条件的通用指示菌，从而推断是否有肠道病原菌污染的可能。

粪大肠菌群(faecal coliform)是大肠菌群的一部分，指一群好氧和兼性厌氧，在 44.5℃下 24 h～48 h 能发酵乳糖、产酸产气的革兰氏阴性无芽孢杆菌。同大肠菌群一样，它也不是一个分类学上的概念，只是一个卫生学概念，被用作粪便污染指示菌。与大肠菌群相比，粪大肠菌群在人和动物粪便中所占的比例较大，而且在自然界容易死亡。因此粪大肠菌群的存在表明食品近期可能直接或间接地受到了粪便污染。

大肠杆菌，学名为大肠埃希氏菌(*Esherichia coli*)，属于肠杆菌科，革兰氏阴性短杆菌。大肠杆菌广泛存在于人和温血动物的肠道中，能够在 44.5℃发酵乳糖、产酸、产气，IMViC 生化试验为＋＋－－或－＋－－，它是分类学上的一个类别。大肠埃希氏菌最早作为粪便污染的指示菌，相对于大肠菌群和粪大肠菌群，大肠杆菌与粪便污染的相关性最好，但是大肠杆菌的检验过于复杂，不如大肠菌群和粪大肠菌群的检验便捷。大肠杆菌主要用于指示食品和水近期受到粪便污染，或不卫生加工。

以上三种都是食品受到粪便污染的指示菌，

从而可以间接推断受到致病菌污染的可能。其中大肠菌群在我国食品安全国家标准体系中用做食品卫生质量的评价。一般认为，如果食品中检出大肠菌群，表示食品可能受到人和(或)温血动物的粪便污染，可能有肠道致病菌的存在，大肠菌群的高低表明了食品被粪便污染的程度。在食品中检出大肠菌群数量越多，肠道致病菌存在的可能性就越大。

霉菌(mold)是丝状真菌的俗称。霉菌污染食品后引起食品的腐败变质，使食品呈现异样颜色、产生霉味等异味，食用价值降低，甚至完全不能食用，粮食类及其制品被霉菌污染而造成的损失最为严重。许多霉菌污染食品及其食品原料后，不仅可以引起腐败变质，而且可产生毒素引起误食者中毒。

酵母菌(yeast)是一些单细胞真菌，并非系统演化分类的单元。目前已知有 1 000 多种酵母，酵母菌主要的生长环境是潮湿或液态环境，有些酵母菌也会生存在生物体内。酵母专性或兼性好氧，多数酵母可以存在于富含糖类的环境中。

霉菌和酵母这种称谓仅是为了方便起见，将小型真菌有菌丝的称谓霉菌，没有菌丝的称酵母，并没有分类学上的依据。相对于低等的细菌来说，霉菌和酵母生长缓慢，竞争能力较弱，故霉菌和酵母常在不利于细菌生长繁殖的环境中成为优势菌群。通常霉菌和酵母适合在高碳低氮有机物(如植物性物质)上生存。酵母一般能引起奶制品、肉制品、水果、腌制食品的腐败,霉菌是蔬菜、水果、谷物、面包等变质的主要原因。因此霉菌和酵母作为评价食品卫生质量的指示菌之一,并以霉菌和酵母计数来判定食品被污染的程度。

(三) 食品中农药残留和兽药残留

农药施用于农田后,一部分作用于靶标生物,起到防治农作物病虫草害的作用;另一部分残留于食物链,即农药残留,影响农产品、食品和生态环境安全。目前我国基本建立了以风险评估为核心,农药登记为基础,农药残留限量标准为措施,农药残留监测为途径的农药安全管理体系,确保农药在农产品和食品中的可控性。

残留物(residue definition)是指由于使用农药而在食品、农产品和动物饲料中出现的任何特定物质,包括被认为具有毒理学意义的农药衍生物,如农药转化物、代谢物、反应产物及杂质等。农药残留根据使用有机溶剂和常规提取方法能否从基质中提取出来,分为可提取残留和不可提取残留。可提取残留是农药残留分析的对象,不可提取残留在一定条件下可以重新游离、释放出来,是特定条件下加以分析测定和考虑的农药残留部分。

《食品安全法》(2015)规定食品中农药残留的限量规定及其检验方法与规程由国务院卫生行政部门、国务院农业行政部门会同国务院食品药品监督管理部门制定。最大残留限量(maximum residue limit,MRL)指在食品或农产品内部或表面法定允许的农药最大浓度,以每千克食品或农产品中农药残留的毫克数表示(mg/kg)。在我国,农药数目和种类主要受《农药管理条例》调整,由农业行政部门负责实施农药登记制度。由于登记体系的特殊性,我国的《食品安全国家标准 食品中农药最大残留限量》(GB 2763)更替较快,GB 2763—2012中规定了322种农药品种在251个食品类别中的2 293个限量值;GB 2763—2014中规定了387种农药品种在284个食品类别中的3 650个限量值;GB 2763—2016中规定了433种农药品种在287个食品类别中的4 140个限量值。

GB 2763基本覆盖了百姓经常消费的食品种类,覆盖了农业生产常用的农药品种,重点规定了蔬菜、水果等鲜食农产品的限量标准。GB 2763中不仅涵盖了农药使用的MRL还包括了再残留限量(extraneous maximum residue limit,EMRL),一些持久性农药虽已禁用,但还长期存在环境中,从而再次在食品中形成残留，为控制这类农药残留物对食品的污染而制定其在食品中的残留限量，以每千克食品或农产品中农药残留的毫克数表示(mg/kg)。

兽药残留(residues of veterinary drugs)是指各种供人食用或其产品供人食用的动物(简称食品动物，food-producing animal)用药后，动物产品的任何食用部分中与所有药物有关的物质的残留，包括原型药物或/和其代谢产物。最高残留限量(maximum residue limit，MRL)是指对食品动物用药后产生的允许存在于食物表面或内部的该兽药残留的最高量/浓度(以鲜重计，表示为 μg/kg)。

《食品安全法》(2015)规定食品中兽药残留的限量规定及其检验方法与规程由国务院卫生行政部门、国务院农业行政部门会同国务院食品药品监督管理部门制定。为了控制动物性食品中的兽药残留，保障消费者健康，目前我国的兽药最高残留限量标准以农业部的第 235 号公告为标准，公告中规定了 202 种(类)兽药的最高残留限量标准。

兽药残留标准共分为四部分：第一部分为食品动物允许使用，但不需要制定最高残留限量的药物，共 80 种(类)，标准中规定了药物名称、动物种类、限用的给药途径、禁用的动物等其他规定。

第二部分为农业部批准使用的，在动物性食品中需要制定最高残留限量的药物，共94种(类)，标准中规定了药物名称、标志残留物、动物种类、靶组织以及残留限量；第三部分为经农业部批准使用，但不得在动物性食品中检出的兽药，共9种(类)；第四部分为禁止使用的药物，在动物性食品中不得检出的化合物，共19种(类)。

由于我国的兽药绝大多数是仿制品，所以兽药最高残留限量标准主要参考了CAC、欧盟、美国和日本等国家或组织的标准。考虑到我国居民饮食习惯和养殖模式的不同，标准中有选择地借鉴了不同标准中的不同指标。

(四) 食品添加剂的使用

《食品安全法》(2015)中对于食品添加剂的定义是，指为改善食品品质和色、香、味以及为防腐、保鲜和加工工艺的需要而加入食品中的人工合成或者天然物质，包括营养强化剂。

食品添加剂的使用首先要保证其安全性，经过风险评估证明是安全可靠的食品添加剂品种才能纳入该标准。食品添加剂的风险评估应依据国际通用的风险评估原则和方法进行，结合我国食品消费结构和食品添加剂使用的实际情况，进行食品添加剂膳食暴露量的评估。

食品添加剂的使用应具有工艺必要性，其主要体现在：a）保持或提高食品本身的营养价值；b）作为某些特殊膳食用食品的必要配料或成分；c）提高食品的质量和稳定性，改进其感官特性；d）便于食品的生产、加工、包装、运输或者贮藏。

除上述食品添加剂的安全性和工艺必要性要求外，还应满足下列要求：a）不应对人体产生任何健康危害；b）不应掩盖食品腐败变质；c）不应掩盖食品本身或加工过程中的质量缺陷或以掺杂、掺假、伪造为目的而使用食品添加剂；d）不应降低食品本身的营养价值；e）在达到预期效果的前提下尽可能降低在食品中的使用量。

我国的食品添加剂标准化工作经历了较长的过程，早在1977年，原国家标准计量局就首次颁布了规范食品添加剂使用的标准《食品添加剂使用卫生标准》(GBn 50—1977)，后来又对其进行了六次修订。经过比较系统的食品添加剂相关标准的制修订工作，我国建立了比较完善的食品添加剂标准体系框架，对食品添加剂的使用规定、允许使用的食品添加剂需要达到的质量规格要求、食品添加剂的标签标识、食品添加剂生产经营规范等作出了较为系统的规定。

《食品安全国家标准 食品添加剂使用标准》(GB 2760—2014)是目前我国规范食品添加剂使

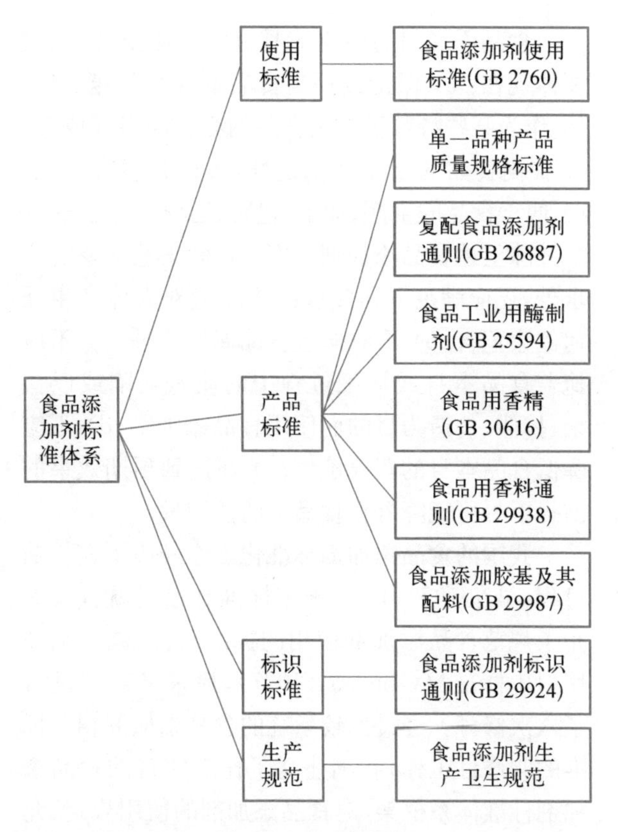

用的强制性国家标准，在我国食品添加剂的使用需要符合该标准的规定。该标准规定了我国食品添加剂的定义和范畴、食品添加剂的使用原则、允许使用的食品添加剂品种及其使用范围和使用量、用于界定食品添加剂使用范围的食品分类系

统等内容。食品添加剂包括酸度调节剂、膨松剂、着色剂、乳化剂、甜味剂、防腐剂、消泡剂等20余类具有特定功能技术作用的物质，此外食品用香料、胶基糖果中基础物质、食品工业用加工助剂也属于食品添加剂管理范畴。

最大使用量在GB 2760中指的是食品添加剂使用时所允许的最大添加量。食品添加剂的实际添加量应该小于或等于最大使用量，超过最大使用量就意味着违反了GB 2760的相关规定。最大残留量在GB 2760中指的是食品添加剂或其分解产物在最终食品中的允许残留水平。某些食品添加剂在食品生产加工过程中不稳定，容易分解，而且发挥功能作用的往往是其分解产物，对这类添加剂制定最大使用量不能够有效地评估其功能和安全性，因此GB 2760中仅规定了其在最终食品中的允许残留水平。例如，对于亚硫酸钠、焦亚硫酸钠等食品添加剂，标准中没有规定其最大使用量，而是规定了最终食品中的二氧化硫残留量。另外，还有极少数用于新鲜蔬菜和水果的防腐剂品种，不但规定了最大使用量，还规定了残留量。食品企业在食品生产加工过程中应当通过对生产工艺、设备的控制，保证添加到食品中的此类添加剂最终残留量或分解产物残留量符合GB 2760的规定。

食品中食品添加剂的使用必须严格按照GB 2760执行，但在判定食品中食品添加剂的使用情况时应考虑带入原则，结合食品终产品以及配料表中各成分允许使用的食品添加剂的使用范围和使用量进行综合判定。食品添加剂的带入是指某种食品添加剂不是直接加入到食品中的，而是随着其他含有该种食品添加剂的食品原（配）料带进的。

食品添加剂的带入原则分为“正”“反”带入两种情况。“正带入原则”，在下列情况下食品添加剂可以通过食品配料（含食品添加剂）带入食品中：ⓐ 根据本标准，食品配料中允许使用该食品添加剂；ⓑ 食品配料中该添加剂的用量不应超过允许的最大使用量；ⓒ 应在正常生产工艺条件下使用这些配料，并且食品中该添加剂的含量不应超过由配料带入的水平；ⓓ 由配料带入食品中的该添加剂的含量应明显低于直接将其添加到该食品中通常所需要的水平。“反带入原则”，当某食品配料作为特定终产品的原料时，批准用于上述特定终产品的添加剂允许添加到这些食品配料中，同时该添加剂在终产品中的量应符合本标准的要求。在所述特定食品配料的标签上应明确标示该食品配料用于上述特定食品的生产。

食品分类系统是GB 2760的重要组成部分，用于界定食品添加剂的使用范围，只适用于GB 2760。如允许某一食品添加剂应用于某一食品类别时，则允许其应用于该类别下的所有类别食品，另有规定的除外。

食品添加剂的使用应符合GB 2760附录A的规定，下文所提到的表A.1、表A.2、表A.3均为GB 2760附录A中的内容。表A.1规定了食品添加剂的允许使用品种、使用范围以及最大使用量或残留量。表A.1列出的同一功能的食品添加剂（相同色泽着色剂、防腐剂、抗氧化剂）在混合使用时，各自用量占其最大使用量的比例之和不应超过1。表A.2规定了可在各类食品（表A.3所列食品类别除外）中按生产需要适量使用的食品添加剂。表A.3规定了表A.2所例外的食品类别，这些食品类别使用添加剂时应符合表A.1的规定。同时，这些食品类别不得使用表A.1规定的其上级食品类别中允许使用的食品添加剂。

也就是说，在查找附录A中一个食品添加剂的具体使用范围和使用量的规定时，按照下述流程图进行，查询结果可能出现4种情况。

食品用香精、香料种类繁多，化学结构复杂，广泛应用于各类食品中。用于食品的香料、香精应符合GB 2760附录B食品用香料使用规定。在食品中使用食品用香料、香精的目的是使食品

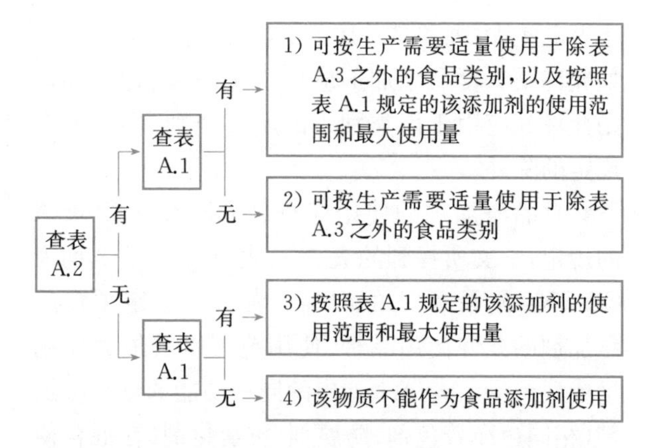

产生、改变或提高食品的风味。食品用香料一般配制成食品用香精后用于食品加香，部分也可直接用于食品加香。食品用香料、香精不包括只产生甜味、酸味或咸味的物质，也不包括增味剂。下文所提到的表B.1、表B.2、表B.3为GB 2760附录B中的内容。

食品用香料、香精在各类食品中按生产需要适量使用，表B.1中所列食品没有加香的必要，不得添加食品用香料、香精，法律、法规或国家食品安全标准另有明确规定者除外。除表B.1所列食品外，其他食品是否可以加香应按相关食品产品标准规定执行。用于配制食品用香精的食品用香料品种应符合本标准的规定。用物理方法、酶法或微生物法（所用酶制剂应符合本标准的有关规定）从食品（可以是未加工过的，也可以是经过了适合人类消费的传统的食品制备工艺的加工过程）制得的具有香味特性的物质或天然香味复合物可用于配制食品用香精。具有其他食品添加剂功能的食品用香料，在食品中发挥其他食品添加剂功能时，应符合 GB 2760 的其他的规定。

在使用表 B.2、表 B.3 允许使用的食品用香料名单时，需注意本香料名单不包括香辛料；凡列入合成香料目录的香料，其对应的天然物（即结构完全相同的对应物）应视作已批准使用的香料；凡列入合成香料目录的香料，若存在相应的铵盐、钠盐、钾盐、钙盐和盐酸盐、碳酸盐、硫酸盐，且具有香料特性的化合物，应视作已批准使用的香料；如果列入合成香料目录的香料为消旋体，那么其左旋和右旋结构应视作已批准使用的香料。如果列入合成香料目录的香料为左旋结构，则其右旋结构不应视作已批准使用的香料，反之亦然。

食品工业用加工助剂是使食品加工能够顺利进行的各种辅助物质，与食品本身无关，如注滤、澄清、吸附、润滑、脱膜、脱色、脱皮、提取溶剂、发酵用营养物等。从理论上说，加工助剂应该在使用结束后全部脱离最终食品，不应该在最终食品中存在，但实际上由于食品加工工艺的限制，很难保证没有助剂的残留进入食品。

食品工业用加工助剂的使用原则为：ⓐ 加工助剂应在食品生产加工过程中使用，使用时应具有工艺必要性，在达到预期目的前提下应尽可能降低使用量。ⓑ 加工助剂一般应在制成最终成品之前除去，无法完全除去的，应尽可能降低其残留量，其残留量不应对健康产生危害，不应在最终食品中发挥功能作用。ⓒ 加工助剂应该符合相应的质量规格要求。下文所提到的表 C.1、表 C.2、表 C.3 为 GB 2760 附录 C 中的内容。

表 C.1 以加工助剂名称汉语拼音排序规定了可在各类食品加工过程中使用，残留量不需限定的加工助剂名单(不含酶制剂)。表 C.2 以加工助剂名称汉语拼音排序规定了需要规定功能和使用范围的加工助剂名单(不含酶制剂)。表 C.3 以酶制剂名称汉语拼音排序规定了食品加工中允许使用的酶。各种酶的来源和供体应符合表中的规定。

(五) 营养强化剂的使用

平衡膳食、食品营养强化和应用膳食补充剂是全球改善微量营养素缺乏的三大重要方式。其中食品营养强化是在现代营养科学的指导下，根据不同地区、不同人群的营养缺乏状况和营养需要，以及为弥补食品在正常加工、储存时造成的营养素损失，在食品中选择性地加入一种或者多种微量营养素或其他营养物质。食品营养强化的优点在于，既能覆盖较大范围的人群，又能在短时间内收效，而且花费不多，是经济、便捷的营养改善方式，在世界范围内广泛应用。

营养强化剂，为了增加食品的营养成分（价值）而加入到食品中的天然或人工合成的营养素和其他营养成分。营养素指的是食物中具有特定生理作用，能维持机体生长、发育、活动、繁殖以及正常代谢所需的物质，包括蛋白质、脂肪、碳水化合物、矿物质、维生素等。

我国根据国内实际情况，以风险评估为基础，充分借鉴国际和发达国家的法规标准和管理模式，修订并公布了《食品安全国家标准 食品营养强化剂使用标准》(GB 14880—2012)。

营养强化的主要目的是 GB 14880 的基础和核心内容，也是营养强化的主要原则，将指导今后政府主管部门对营养强化剂、强化食品的管理思路和审批模式。GB 14880 规定了进行营养强化的目的：① 弥补食品在正常加工、储存时造成的营养素损失。② 在一定的地域范围内，有相当规模的人群出现某些营养素摄入水平低或缺乏，通过强化可以改善其摄入水平低或缺乏导致的健康影响。③ 某些人群由于饮食习惯和（或）其他原因可能出现某些营养素摄入量水平低或缺乏，通过强化可以改善其摄入水平低或缺乏导致的健康影响。④ 补充和调整特殊膳食用食品中营养素和(或)其他营养成分的含量。

GB 14880 对食物载体中使用了营养强化剂后可能产生的结果进行了原则性的要求：① 营养强化剂的使用不应导致人群食用后营养素及其他营养成分摄入过量或不均衡，不应导致任何营养素及其他营养成分的代谢异常。② 营养强化剂的使用不应鼓励和引导与国家营养政策相悖的食品消费模式。③ 添加到食品中的营养强化剂应能在特定的储存、运输和食用条件下保持质量的稳定。④ 添加到食品中的营养强化剂不应导致食品一般特性如色泽、滋味、气味、烹调特性等发生明显不良改变。⑤ 不应通过使用营养强化剂夸大食品中某一营养成分的含量或作用误导和欺骗消费者。

为了符合强化原则的要求，对于强化载体的选择也提出了相应的要求：① 应选择目标人群普遍消费且容易获得的食品进行强化。② 作为强化载体的食品消费量应相对比较稳定。③ 我国居民膳食指南中提倡减少食用的食品不宜作为强化的载体。

营养强化剂在食品中的使用范围、使用量应符合 GB 14880 附录 A 的要求，允许使用的化合物来源应符合 GB 14880 附录 B 的规定。此外，需特别注意的是，为了避免标准之间的交叉矛盾，保证食品安全标准体系之间的相互衔接，特殊膳食用食品中营养素及其他营养成分的含量按相应的食品安全国家标准执行，允许使用的营养强化剂及化合物来源应符合 GB 14880 附录 C 和（或）相应产品标准的要求。如下图。

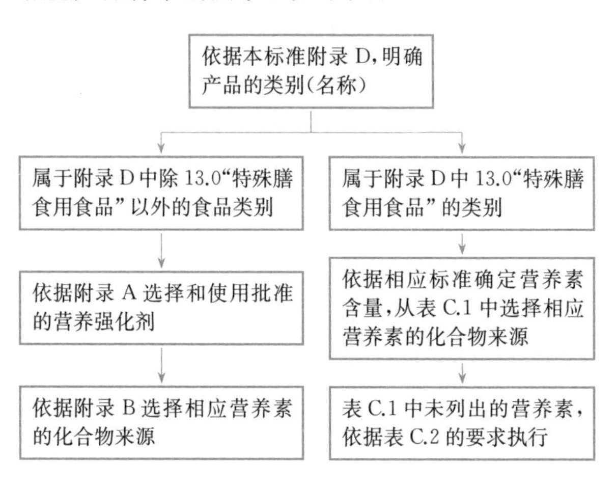

GB 14880 中附录 D 食品类别（名称）说明用于界定营养强化剂的使用范围，只适用于 GB 14880。如允许某一营养强化剂应用于某一食品类别（名称）时，则允许其应用于该类别下的所有类别食品，另有规定的除外。

需要注意的是，本标准规定的营养强化剂的使用量，指的是在生产过程中允许的实际添加量，该使用量是考虑到所强化食品中营养素的本底含量、人群营养状况及食物消费情况等因素，根据风险评估的基本原则而综合确定的。鉴于不同食品原料本底所含的各种营养素含量差异性较大，而且不同营养素在产品生产和货架期的衰减和损失也不尽相同，所以强化的营养素在终产品中的实际含量可能高于或低于本标准规定的该营养强化剂的使用量。

对于部分既属于营养强化剂又属于食品添加剂的物质，如核黄素、维生素 C、维生素 E、柠檬酸钾、β-胡萝卜素、碳酸钙等，如果以营养强化为目的，其使用应符合 GB 14880 的规定。如果作为食品添加剂使用，则应符合 GB 2760 的要求。

对于部分既属于营养强化剂又属于新食品原料的物质，如二十二碳六烯酸、低聚半乳糖、多聚果糖、花生四烯酸等，如果以营养强化为目的，其使用应符合 GB 14880 的要求；如果作为食品原料，应符合新食品原料相关公告的规定。

此外，GB 14880—2012 发布以来，国家卫计委发布了多个增补公告扩大、新增、调整了部分食品营养强化剂的使用范围和使用量。

（六）预包装食品标签

商品的标签说明商品的特征和性能，向消费

者告知必要信息。食品的特征和性能关系着消费者的健康。正确有效的食品标签不仅能够为消费者选择购买食品提供信息,还可以通过影响消费者的购物习惯,对公共健康和科普宣传起到辅助作用。

食品标签是指食品包装上的文字、图形、符号及一切说明物。食品标签是向消费者传递产品信息的载体。做好预包装食品标签管理,既是维护消费者权益,保障行业健康发展的有效手段,也是实现食品安全科学管理的需求。《食品安全法》中将预包装食品定义为预先定量包装或者制作在包装材料、容器中的食品。我国与预包装食品标签标识相关的标准包括《食品安全国家标准 预包装食品标签通则》(GB 7718—2011)、《食品安全国家标准 预包装食品营养标签通则》(GB 28050—2011)和《食品安全国家标准 特殊膳食用食品标签》(GB 13432—2013)等内容。

《食品安全国家标准 预包装食品标签通则》(GB 7718—2011)规定了用于直接提供给消费者的预包装食品标签和非直接提供给消费者的预包装食品标签,但不适用于为预包装食品在储藏运输过程中提供保护的食品储运包装标签、散装食品和现制现售食品的标识。

《食品安全国家标准 预包装食品营养标签通

则》(GB 28050—2011)规定了预包装食品营养标签上营养信息的描述和说明,但不适用于保健食品及预包装特殊膳食用食品的营养标签标示。预包装食品标签中涉及 GB 28050 的内容,除应按 GB 7718 标示外,还应按 GB 28050 的相关规定标示营养标签。

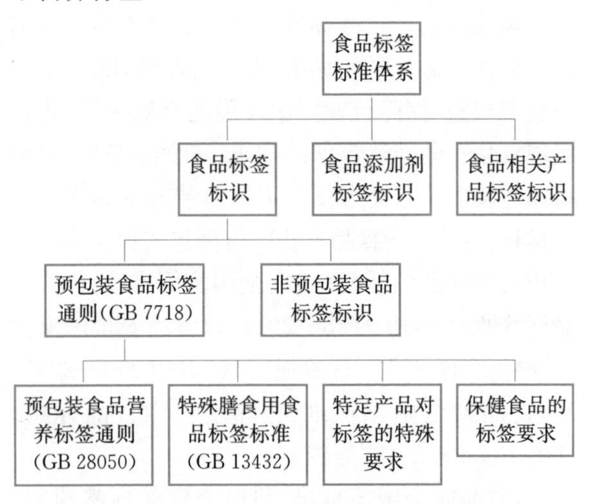

《食品安全国家标准 特殊膳食用食品标签》(GB 13432—2013)规定了预包装特殊膳食用食品的标签(含营养标签)。特殊膳食用食品是为满足特殊的身体或生理状况和(或)满足疾病、紊乱等状态下的特殊膳食需求,专门加工或配方的食品。在符合 GB 7718 标签通用要求的基础上,当为预包装特殊膳食用食品标示能量值、营养素含量、声称营养素含量水平、营养素含量比较、营养素作用时，应符合GB 13432的规定。

部分产品标准有对于产品标签的特殊要求，如《食品安全国家标准 蒸馏酒及其配制酒》(GB 2757—2012)中规定标签上需标示酒精度和“过量饮酒有害健康”等警示语，《食品安全国家标准 巴氏杀菌乳》(GB 19645—2010)中规定标签上需标示“鲜牛(羊)乳”或“鲜牛(羊)奶”等。这一部分内容也是食品安全国家标准食品标签标准体系的一部分。

(七) 食品安全国家标准管理模式

《食品安全法》(2015)规定，制定食品安全国家标准，应当依据食品安全风险评估结果并充分考虑食用农产品安全风险评估结果，参照相关的国际标准和国际食品安全风险评估结果，并将食品安全国家标准草案向社会公布，广泛听取食品生产经营者、消费者、有关部门等方面的意见。食品安全国家标准应当经国务院卫生行政部门组织的食品安全国家标准审评委员会审查通过。食品安全国家标准审评委员会由医学、农业、食品、营养、生物、环境等方面的专家以及国务院有关部门、食品行业协会、消费者协会的代表组成，对食品安全国家标准草案的科学性和实用性等进行审查。

2010 年 1 月，按《食品安全法》(2009)要求，原卫生部组建了由多个领域的 350 名权威专家和 20 个单位委员组成的食品安全国家标准审评委员会，负责审评食品安全国家标准，提出实施食品安全国家标准的建议，对食品安全国家标准的重大问题提供咨询，承担食品安全标准其他工作。委员会下设污染物、微生物、食品添加剂、农药残留、兽药残留、营养与特殊膳食食品、食品产品、生产经营规范、食品相关产品、检验方法与规程等 10 个专业分委员会，根据委员会工作需要，原卫生部组建了委员会秘书处，挂靠在国家食品安全风险评估中心，负责委员会会议和各专业分委员会的组织协调、处理相关咨询和答复、督促检查等日常工作。

根据《食品安全国家标准管理办法》的规定，食品安全国家标准制(修)订工作包括规划、计划、立项、起草、征求意见、审查、批准、编号、公布以及跟踪评价等。食品安全国家标准的具体制(修)订程序可以分为征集立项建议、确定项目计划、起草、征求意见、审查、批准发布、跟踪评价、修订 8 个步骤。一项标准从立项到发布一般需要1～3年的时间。

三、食品安全地方标准体系与管理模式

《食品安全法》(2015)中规定,对地方特色食品,没有食品安全国家标准的,省、自治区、直辖市人民政府卫生行政部门可以制定并公布食品安全地方标准,报国务院卫生行政部门备案。食品安全国家标准制定后,该地方标准即行废止。食品安全地方标准应当包括地方特色食品原料及产品、与地方特色食品配套的检验方法与规程、与地方特色食品配套的生产经营过程卫生要求等。

截止到2017年7月,上海市食品安全地方标准共发布过27项,其中产品标准13项,检验方法2项,生产经营卫生规范12项。

上海市食品安全地方标准明细表
(截止到2017年7月)

标准名称	标准类型	发布日期
《预包装冷藏膳食》DB31/2025—2014	产品标准	2014/3/13
《集体用餐配送膳食》DB31/2023—2014	产品标准	2014/3/13
《食用干制肉皮》DB31/2020—2013	产品标准	2013/6/21
《调理肉制品和调理水产品》DB31/2016—2013	产品标准	2013/6/21

（续表）

标 准 名 称	标准类型	发布日期
《冷面》DB31/2014—2013	产品标准	2013/6/9
《生食动物性海水产品》DB31/2013—2013	产品标准	2013/6/9
《色拉》DB31/2012—2013	产品标准	2013/6/9
《现制饮料》DB31/2007—2012	产品标准	2012/10/26
《糟卤》DB31/2006—2012	产品标准	2012/10/26
《冰点心》DB31/2005—2012	产品标准	2012/10/26
《发酵肉制品》DB31/2004—2012	产品标准	2012/10/26
《复合调味料》DB31/2002—2012	产品标准	2012/10/26
《青团》DB31/2001—2012	产品标准	2012/5/17
《味精中硫化钠的测定》DB31/2021—2013	检验方法	2013/6/21
《火锅食品中罂粟碱、吗啡、那可定、可待因和蒂巴因的测定液相色谱-串联质谱法》DB31/2010—2012	检验方法	2012/10/26
《即食食品现制现售卫生规范》DB31/2027—2014	生产经营规范	2014/3/13
《预包装冷藏膳食生产经营卫生规范》DB31/2026—2014	生产经营规范	2014/3/13
《集体用餐配送膳食生产配送卫生规范》DB31/2024—2014	生产经营规范	2014/3/13
《冷鲜鸡生产经营卫生规范》DB31/2022—2014	生产经营规范	2014/3/13

（续表）

标准名称	标准类型	发布日期
《食品生产加工小作坊卫生规范》DB31/2019—2013	生产经营规范	2013/6/21
《冰点心生产卫生规范》DB31/2018—2013	生产经营规范	2013/6/21
《发酵肉制品生产卫生规范》DB31/2017—2013	生产经营规范	2013/6/21
《餐饮服务单位食品安全管理指导原则》DB31/2015—2013	生产经营规范	2013/6/21
《工业化豆芽生产卫生规范》DB31/2011—2012	生产经营规范	2013/1/7
《餐饮服务团体膳食外卖卫生规范》DB31/2009—2012	生产经营规范	2012/10/26
《中央厨房卫生规范》DB31/2008—2012	生产经营规范	2012/10/26
《复合调味料生产卫生规范》DB31/2003—2012	生产经营规范	2012/10/26

2005 年，根据《国务院关于进一步加强食品安全工作的决定》（国发〔2004〕23 号）和《上海市人民政府关于调整本市食品安全有关监管部门职能的决定》（沪府发〔2004〕51 号）的决定，在上海开展食品安全监管体制改革试点，上海市卫生行政部门不再承担《食品卫生法》中规定的职责，相应职责分别划分给食品药品监管部门和质量技监

部门。根据《上海市实施〈中华人民共和国食品安全法〉办法》(2011 年 7 月 29 日上海市第十三届人民代表大会常务委员会第二十八次会议通过并公布,自 2011 年 9 月 1 日起施行),市食品药品监督管理部门承担食品安全地方标准制修订管理工作。因此,上述 27 项食品安全地方标准均由上海市食品药品监督管理局发布。

直到 2014 年,根据《上海市人民政府办公厅关于印发上海市卫生和计划生育委员会主要职责内设机构和人员编制规定的通知》(沪府办发〔2014〕4 号)的要求,食品安全风险评估、食品安全地方标准制定、食品安全企业标准备案职责,划入新组建的上海市卫生和计划生育委员会。

2014 年职能调整后,上海市卫生和计划生育委员会组建了上海市食品安全地方标准审评委员会。审评委员会由 51 名委员和 7 个单位委员组成。审评委员会主要职责:审评本市食品安全地方标准,提出实施本市食品安全地方标准的建议,对本市食品安全地方标准的重大问题提供咨询,承担本市食品安全地方标准的其他工作。审评委员会下设“产品与规范”和“检验方法与规程”2 个专业分委员会。审评委员会下设秘书处,承担审评委员会的日常工作,秘书处设在上海市卫生和计划生育委员会监督所。

食品安全地方标准的制(修)订工作基本等同于食品安全国家标准,但是根据《食品安全法》(2015)和《食品安全地方标准制定及备案指南》的要求,食品安全地方标准在立项前应当咨询食品安全国家标准审评委员会秘书处意见,在公布之日起20日内向食品安全国家标准审评委员会秘书处提交相关标准材料完成备案。

四、卫生监督部门的工作职责与内容

根据《食品安全法》《卫生计生基层机构食品安全工作指南》《新食品原料安全性审查管理办法》《上海市食品安全企业标准备案办法》等文件的要求,上海市市区两级卫生监督机构的主要工作职责如下:

(1) 开展食品安全标准宣贯及相关知识宣传教育;

(2) 开展(参与)食品安全标准跟踪评价工作;

(3) 开展(参与)食品安全地方标准制定、修订及食品安全企业标准备案工作;

(4) 省级卫生监督机构配合开展新食品原料安全性审查现场核查工作;

(5) 承担卫生计生行政部门和上级业务机构

交办的其他工作。

参考文献

[1] 王竹天，王君等.食品安全标准实施与应用[M].北京：中国质检出版社(中国标准出版社)，2015.

[2] 王竹天.国内外食品安全法规标准对比分析[M].北京：中国质检出版社(中国标准出版社)，2014.

[3] 信春鹰.中华人民共和国食品安全法释义[M].北京：法律出版社，2015.

[4] 吴林海，王建华等.中国食品安全发展报告 2013 [M].北京：北京大学出版社，2013.

[5] 洪生伟.标准化管理[M].北京：中国质检出版社(中国标准出版社)，2012.

[6] 食品安全国家标准审评委员会秘书处.食品安全国家标准工作程序手册[M].北京：中国质检出版社(中国标准出版社)，2012.

[7] ICMSF.微生物检验与食品安全控制[M].北京：中国轻工业出版社，2012.

[8] James M. Jay，Martin J. Loessner.现代食品微生物学(第七版)[M].北京：中国农业大学出版社，2012.

[9] 王竹天，樊永祥.食品安全国家标准常见问题问答[M].北京：中国质检出版社(中国标准出版社)，2016.

模块二
食品安全标准宣贯与跟踪评价

标准的生命力在于执行。任何标准在制订发布后，只有将其贯彻落到实处，才能达到规范统一事物的目的。要让标准得以实施，第一步就是标准的宣贯；宣贯是有效实施标准的重要手段和技术保障，可以保障标准及时、准确、有效的贯彻实施。标准是对已经存在的事物的规范，不具有前瞻性。随着社会的发展，标准制定中存在的问题或与现实情况相冲突的情形就暴露出来。标准的跟踪评价是对标准执行情况进行调查，了解标准实施情况并进行分析和研究，提出标准实施和标准修订相关建议的过程。标准是一个动态的循环过程，只有这样才能保持标准的有效性。

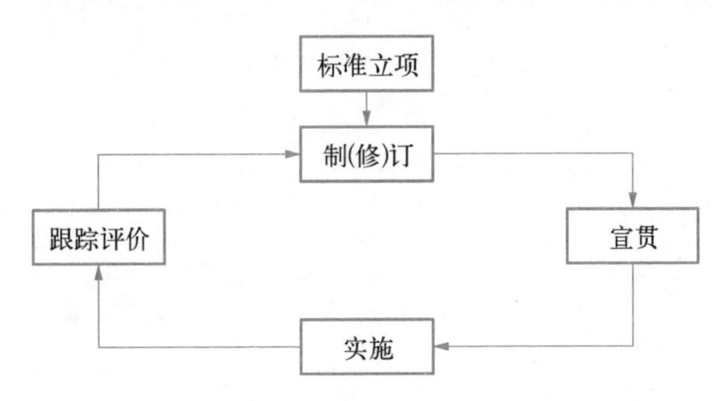

课程二　食品安全标准宣贯

一、食品安全标准宣贯概述

食品安全标准宣贯是食品安全标准管理工作的重要内容,也是有效实施标准的重要手段和技术保障。在信息传播日新月异的今天,要合理选择食品安全标准宣贯模式,进行既有权威性又有效果,兼具方便快捷特性的标准信息传递,以适应社会发展和公众获知食品安全标准信息需求,推进食品安全标准及时、准确、有效地贯彻实施。

二、食品安全国家标准宣贯

食品安全国家标准有着适用范围广,影响范围大的特点,对于食品生产者、经营者、消费者、监管者都有着极为重要的影响。因此,食品安全国家标准的宣贯应该充分考虑这一特点，制订相应的宣贯策略。

应根据同级卫生计生行政部门工作要求和上级卫生计生综合监督执法机构宣传培训工作计划，制订本单位的食品安全标准宣贯方案，并认真组织实施。

食品安全国家标准由国家卫生计生委会同食药监总局制定。基层卫生监督机构应根据国家、省、地市卫生计生行政部门的食品安全标准宣贯要求，参加食品安全标准管理师资、骨干等培训，准确地掌握标准的内涵和技术要求，才能独立或协助开展食品安全标准宣贯工作。

根据《食品安全法》(2015)的要求，对于食品安全标准执行过程中的问题，县级以上人民政府卫生行政部门应当会同有关部门及时给予指导、解答。那么在实际工作中，基层卫生监督机构可以根据国家、省、地市卫生计生行政部门的食品安全标准配套问答、标准培训讲义、宣传画、折页、手册等宣贯材料，结合基层实际，编制通俗易懂、形象直观的宣贯材料。

根据食品安全国家标准的适用范围和特点，在标准宣传材料设计上的思路可以包括：标明“标准名称、标准编号、标准发布日期、标准实施日期”；说明“标准适用范围或不适用范围”；列出“标准主要要求”;建议“达到标准要求的生产经营措施或卫生规范”;也可以标出“不合格产品的危害后果及违法条款等”等内容。

食品安全国家标准的涉及范围广,可以考虑针对不同对象采取标准培训、公众活动、媒体采访、新媒体传播等方式进行宣贯,进而向全社会普及食品安全标准知识,使社会各方了解食品安全标准及其管理工作,达到食品安全社会共治的局面。

食品安全国家标准可能影响到的包括监管人员、检验人员、生产经营企业、行业协会、科研专家、普通消费者等各类人群,对于不同人群的宣传策略也不相同。针对监管部门人员、检验机构人员,宣贯重点是食品安全标准具体条款的解释,标准在食品安全监督管理中的地位与作用的解读,引导监管者正确理解食品安全标准,准确掌握标准规定,有助于提高监管人员依法行政水平和科学监管能力,并收集监督部门在监督标准执行以及监管过程中的反馈意见等;针对食品企业和行业协会,宣贯重点是食品安全标准的制定、修订过程以及具体条款的解释,解读如何有效执行标准,并收集食品企业和行业协会执行过程中的反馈意见等;针对媒体和公众,宣贯重点是通俗解读食品安全标准条款,如何使用标准,交流标准制定、修订过程的透明度等。

不同的宣传策略可以采纳不同的宣传形式。针对食品安全标准管理机构、监管机构、检验机构、行业协会、生产企业等群体，进行分类分级的专题培训，既能有效保证宣贯质量，又能体现标准宣贯工作的参与性。对于标准管理机构、公众和媒体，做好专业机构网站的宣贯，是当今社会信息快速传播的需要。各级卫生监督机构可以充分利用国家卫生计生委、国家食品安全风险评估中心、同级卫生计生行政部门和上级卫生监督机构的各类专栏，及时宣传食品安全标准，公布标准最新动态，针对突出问题答疑解惑，实现标准信息的高效、准确、权威的传播。大力营造食品安全标准宣贯氛围，利用当地媒体是有效的途径，卫生监督机构要定期通过媒体传播食品安全标准信息，宣传食品安全标准的重要意义和作用，引导公众科学认识食品安全标准，普及食品安全标准知识，不断提高公众认识标准、理解标准和应用标准的能力，有助于推进食品安全标准宣贯社会化。

宣贯结束后，及时地进行宣贯效果的评价是衡量宣贯效果，及时改进宣贯措施、提高宣贯水平的重要措施，可以按照以下评价内容对于宣贯的效果进行评价：

(1) 程序评价。宣贯工作流程是否有效运转，卫生计生综合监督执法机构系统内、系统外、食品企业和行业协会的内外部协调协作是否顺畅，宣贯内容及材料是否已经确定，宣贯人员及队伍是否满足需要等，可用于对宣贯预案的验证；

（2）能力评价。主要评价相关宣贯人员的宣传技能、组织协调能力和存在的不足等；

（3）效果评价。评价宣贯内容是否有效传达，宣贯活动是否达到预期效果，各利益相关方对食品安全标准的理解是否到位，以及居民健康素养是否提升等；

（4）评价的主要方式包括生产经营过程的调查、标准执行不合格原因分析、专家研讨、小组座谈，以及问卷调查等。

三、食品安全地方标准宣贯

食品安全地方标准的宣贯基本等同于食品安全国家标准宣贯的内容，但又因为食品安全地方标准有着地方特色这一特点，导致了食品安全地方标准的适用范围较小，相应宣贯策略应当适当调整，使其更有针对性。

课程三　食品安全标准跟踪评价

食品安全标准跟踪评价，是对食品安全国家标准或者地方标准执行情况进行调查，了解标准实施情况并进行分析和研究，提出标准实施和标准修订相关建议的过程。跟踪评价工作包括标准贯彻落实和执行情况、推进标准实施的措施及成效、标准指标或技术要求的科学性和实用性以及其他需要跟踪评价的内容。食品安全标准跟踪评价工作应当以保障公众健康为宗旨，坚持科学合理、依法高效、客观公正、真实可靠的原则。

一、食品安全标准跟踪评价的依据、内容与方法

根据《食品安全国家标准跟踪评价规范（试行）》要求，食品安全标准跟踪评价的意义，是收集标准贯彻落实和执行情况以及标准使用各方的意

见建议，为适时修订食品安全标准提供科学依据。对收集的问题，按照标准问答及时给予宣传、指导；难以指导、解答的，及时向上级业务机构请示、咨询，或指导标准使用单位通过国家食品安全风险评估中心的网站开设的食品安全国家标准跟踪评价及意见反馈平台进行收集、反馈。

食品安全标准跟踪评价的工作包括：① 主动与标准使用相关部门、机构、协会沟通，将本年度标准跟踪评价方案与当地风险监测计划或方案、标准宣贯方案有机结合；② 建立县(区)食品生产经营企业食品标准使用基础档案(企业名称，地址，主要产品类别，联系人及联系方式等)，为食品安全标准跟踪评价摸清跟踪对象；③ 畅通渠道：与当地相关食品安全监管部门、疾病预防控制中心、检验检测机构、食品生产经营企业及食品行业协会(学会)等单位建立密切联系，畅通收集各方对食品安全标准执行中的问题和建议的渠道；④ 现场调查：深入企业，“以问题为导向”，了解生产企业执行标准条款不适用、不合理的情况；⑤ 深度访谈：“以问题为导向”，征集熟悉食品相关法律法规、标准及规范的专家或在行业内具有一定的专业技术认可度的人员开展深入访谈。

食品安全标准跟踪评价的主要方式包括：

① 标准使用各方对在标准执行过程中的不合理、不适用、不可操作等问题，向标准管理部门进行反馈。建议标准使用各方认真学习、熟悉食品安全标准后，由标准使用各方直接汇总、分析、在食品安全国家标准跟踪评价和意见反馈平台或省级食品安全地方标准和意见反馈平台进行反馈，这种跟踪评价方式将是标准跟踪的主要渠道和形式；②“以问题为导向”开展标准跟踪评价。按照国家重点标准跟踪评价目录与要点及省、市标准跟踪评价方案，县（区）级卫生计生综合监督执法机构结合当地食品产业特点，从县（区）食品生产经营企业标准使用基础档案中选择适当企业进行标准跟踪。可以优先考虑当地传统特色食品、著名商标产品、名特优产品，尽可能涵盖不同品牌、不同规模、不同品种的产品。“以问题为导向”，收集、汇总、分析、上报标准使用各方的意见。

食品安全标准跟踪评价的主要内容包括：① 标准整体执行情况，调查了解标准使用者在执行标准过程中发现的问题；调查标准使用者执行中发现的不合理之处并收集意见和建议；② 标准技术内容调查，调查了解标准使用者在执行标准过程中发现的问题（包括文本表述的准确性、是否存在理解歧义、与其他法律、法规衔接性等问题，标准各项指标和技术要求的可操作性和实用性等方面意见和建议);调查标准使用者执行中发现的不合理之处并收集意见和建议;③ 生产经营场所现场调查,针对《食品安全国家标准 食品生产通用卫生规范》(GB 1488)、《食品安全国家标准 食品经营过程卫生规范》(GB 31621)等卫生规范开展企业现场调查,以了解生产企业执行标准的情况;④ 其他问题和建议。

食品安全标准跟踪评价的工作方式包括,针对收集的有争议或者意见较多的问题,征集熟悉食品相关法律法规、标准及规范的专家或在行业内具有一定的专业技术认可度的人员开展深入访谈。对食品安全基础标准、产品标准可以征求食品安全监管部门、食品检验机构、食品生产经营企业和行业协会以及食品科研院校等相关人员的意见和建议。食品的检验方法和规程可以征求食品检验机构、食品生产经营企业和食品科研院所等相关人员的意见和建议。食品生产卫生规范可以征求食品安全监管部门、食品生产经营企业和食品科研院校等食品管理人员及一线食品从业人员的意见和建议。

跟踪效果评价是判断食品安全标准执行过程中问题、意见反馈能否顺利进行的重要步骤。主要内容如下:

(1) 程序评价。标准跟踪工作流程是否有效运转，卫生计生综合监督执法机构系统内、系统外、食品企业和行业协会的内外部协调协作是否顺畅，标准跟踪方案是否已经确定，标准跟踪人员及队伍是否满足需要等，可用于对标准跟踪预案的验证；

(2) 能力评价。主要评价相关标准跟踪人员的跟踪技能、组织协调能力和存在的不足等；

(3) 效果评价。收集、分析和研究标准使用各方对食品安全标准的实施情况，能否为标准修订提供有效意见和建议；

(4) 评价的主要方式。包括生产经营过程的调查、标准执行不合格原因分析、专家研讨、小组座谈，以及问卷调查等。

二、食品安全国家标准跟踪评价及意见反馈平台的使用与管理

食品安全国家标准文本可以在国家卫计委官方网站（地址：http://www.nhfpc.gov.cn/）、食品安全国家标准数据检索平台（地址：http：bz.cfsa.net.cn /db）查询下载。食品安全国家标准问答可以在国家卫计委官方网站（地址：http://www.nhfpc.gov.cn/）查询下载。

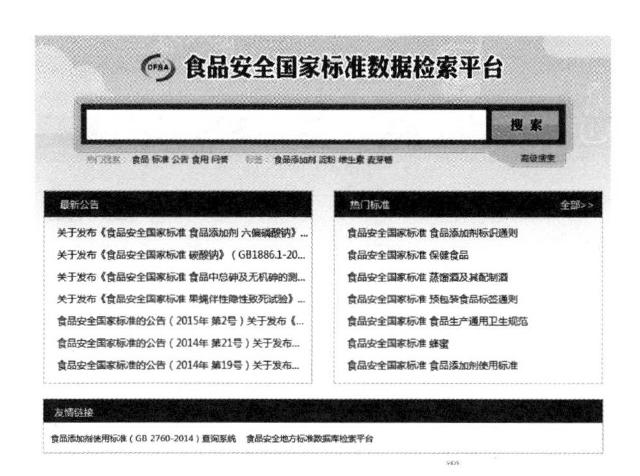

可在食品安全国家标准跟踪评价及意见反馈平台(地址：http://bz.cfsa.net.cn:9001/)进行意见反馈。

现行标准意见反馈

*标准名称： 选择标准

*标准编号：

*标准类别：

*章节序号： 请输入章节编号或章节名称

*意见类型： --请选择--

*意见及建议： B I U

*理由： B I U

参考资料：添加附件 (注：多份资料请打包成一个文件上传！)

*验证码： GQ45

注意：如果您想添加多条意见和建议，填写完成之后请点击“保存并继续添加”。如果没有其他意见，请点击“保存并关闭”。

保存并关闭 保存并继续添加

三、食品安全地方标准跟踪评价意见反馈平台的使用与管理

食品安全地方标准跟踪评价意见反馈平台可以从上海市食品安全标准信息服务平台进入(spaq.hs.sh.cn),也可以直接输入网络地址进入(https://spaq.hs.sh.cn/fssis-comment.html)。

进入意见反馈平台后,首先需填写基本信息。基本信息包括用户类型、单位/姓名、联系电话、电子邮箱等内容,便于上海市食品安全地方标准审评委员会秘书处核实、了解意见和建议。

食品安全标准信息服务

上海城市精神 海纳百川 追求卓越 开明睿智 大气谦和

基本信息填写

用户类型: 请选择

单位/姓名:

联系电话:

电子邮件:

标准意见反馈

标准名称 选择标准

点击选择标准，可以在上海市食品安全地方标准中选择一项，开始具体意见的填写，完成意见填写后提交即可。

标准名称 选择标准
标准编号：
标准类型：
意见类型：请选择
意见内容：
理由：
附件：添加附件
**单个文件大小不超过2M，最多3个文件
验证码：
提交

卫生监督培训模块丛书
公共卫生监督卷

模块三
食品安全地方标准管理

我国幅员辽阔，历史悠久，气候复杂，民族众多，在特定区域内存在许多具有地域特点的食品或者饮食模式。为规范食品安全国家(卫生)标准体系不能涵盖的少数食品，根据《食品安全法》(2015)的规定，对地方特色食品，没有食品安全国家标准的，省、自治区、直辖市人民政府卫生行政部门可以制定并公布食品安全地方标准，报国务院卫生行政部门备案。《上海市食品安全条例》中规定，对没有食品安全国家标准的地方特色食品，由市卫生计生部门会同市食品药品监督管理部门制定、公布本市食品安全地方标准，并报国务院卫生计生部门备案。

地方特色食品，指在部分地域有30年以上传统食用习惯的食品，包括地方特有的食品原料和采用传统工艺生产的、涉及的安全性指标现有标准不能覆盖的食品。食品安全地方标准包括地方特色食品原料及产品、地方特色食品产品标准配套的检验方法与规程、地方特色食品产品标准配套的生产经营过程卫生要求等。食品安全国家标准中通用标准或食品产品标准等已经涵盖的食品类别、检验方法、婴幼儿配方食品、特殊医学用途配方食品、保健食品、食品添加剂、食品相关产品等不得制定食品安全地方标准。

根据《食品安全法》(2015)、《上海市食品安全条例》(2017 年 1 月 20 日上海市第十四届人民代表大会第五次会议通过)的规定,上海市卫生计生部门负责制定、公布食品安全地方标准,依法对没有食品安全国家标准的地方特色食品制定食品安全地方标准,负责食品安全地方标准的立项、制定、公布,开展标准宣传、跟踪评价、清理和咨询。食品安全国家标准审评委员会秘书处(食品安全国家风险评估中心)承担食品安全地方标准立项建议咨询、标准备案等具体工作。

课程四　上海市食品安全地方标准审评委员会

上海市卫生和计划生育委员会根据相应法律法规要求成立了上海市食品安全地方标准审评委员会。为保障食品安全地方标准审查工作顺利进行，根据《中华人民共和国食品安全法》及其实施条例、《食品安全国家标准审评委员会章程》，制定了《上海市食品安全地方标准审评委员会章程》。

一、上海市食品安全地方标准审评委员会（以下简称委员会）工作职责

（1）审评本市食品安全地方标准；

（2）提出实施本市食品安全地方标准的建议；

（3）对本市食品安全地方标准的重大问题提供咨询；

（4）承担本市食品安全地方标准的其他工作。

二、委员会工作原则

委员会坚持发扬民主、协商一致的工作原则。委员会以维护人民群众身体健康和生命安全为宗旨，以食品安全风险评估结果为基础，坚持科学性原则，从本市地区实际情况出发，促进食品安全和企业诚信，促进食品安全标准与经济社会协调发展。

三、委员会的组织机构

委员会设主任委员 1 名，常务副主任委员 1 名，副主任委员若干。主任委员负责全面工作，常务副主任委员负责日常工作，副主任委员按照分工负责各专业分委员会和秘书处工作。

委员会设秘书长 1 名，常务副秘书长 1 名，副秘书长若干名。

委员会设委员若干，由医学、农业、食品、营养、检验等相关方面的专家以及本市有关部门的代表组成。由本市有关部门和相关机构推荐的专家，经遴选后，由上海市卫生和计划生育委员会（以下简称市卫生计生委）聘任，实行任期制，每届任期 5 年。

本市有关部门的代表为单位委员，单位委员

不指定具体人员。

委员会设 2 个专业分委员会，具体为：

（一）产品与规范；

（二）检验方法与规程。

根据审评工作需要，委员会可临时组建特别分委员会。

专业分委员会设主任委员 1 名，副主任委员若干。专业分委员会主任委员由该专业领域的专家担任。专业分委员会负责本专业领域本市食品安全地方标准技术审评工作。各专业分委员会中的委员原则上不超过 25 名（不含单位委员）。

委员会设立秘书处，承担委员会日常工作。秘书长主持秘书处工作，也可由秘书长委托的常务副秘书长主持秘书处工作。秘书处设在市卫生计生委监督所。

四、委员会的运行方式

委员会设立委员会主任会议、专业分委员会会议和秘书长办公会议。会议决定事项以会议纪要形式印发，会议纪要由会议主持人签发。

（一）委员会主任会议

委员会主任会议由主任委员主持，也可由主

任委员委托的副主任委员主持，主任委员、常务副主任委员、副主任委员、秘书长、常务副秘书长、副秘书长、专业分委员会主任委员、副主任委员和单位委员参加。主任会议对委员会的工作进行审议、监督和咨询。主任会议原则上每年召开一次。遇有重要事项，可临时召开主任会议。

主任会议的主要职责是：

(1) 审议本市食品安全地方标准；

(2) 研究贯彻落实本市食品安全地方标准工作的重要举措；

(3) 审议委员会年度工作报告和工作计划；

(4) 审议和修正委员会章程；

(5) 研究其他重要事项。

(二) 专业分委员会会议

专业分委员会会议由专业分委员会主任委员主持，也可由主任委员委托的副主任委员主持，专业分委员会主任委员、副主任委员、本专业分委员会委员(包括单位委员)参加，负责本市食品安全地方标准草案的技术审查。分委员会会议原则上每年至少召开两次。

专业分委员会会议的主要职责是：

(1) 审查本市食品安全地方标准草案的科学性和实用性；

（2）落实主任会议的决议，研究提出本专业领域食品安全地方标准的工作计划；

（3）对本市食品安全地方标准的重大问题提供咨询；

（4）落实委员会主任委员、常务副主任委员、副主任委员交办的重要工作。

（三）秘书长办公会议

秘书长办公会议由秘书长主持，也可由秘书长委托的常务副秘书长主持，副秘书长和相关专业分委员会主任委员、副主任委员参加。遇有重要事项，秘书长、常务副秘书长或副秘书长可以召开部分委员参加的专题会议。

秘书长办公会议的主要职责是：

（1）协调涉及各专业分委员会的标准问题；

（2）研究标准咨询、解释和意见处理中的重要问题；

（3）落实主任委员、常务副主任委员、副主任委员交办的工作。

五、委员会委员的管理

（一）委员会委员应当符合以下条件

（1）拥护党的路线、方针、政策，具有较强的社会责任感，具有严谨、科学、端正的工作作风，廉洁自律；

(2) 熟悉并热心食品安全标准工作，在食品安全相关专业或业务领域有丰富的工作经验，能够及时了解和掌握国内外食品安全标准信息；

(3) 具有较强的敬业精神，工作主动，积极参加委员会活动，承担并完成委员会交付的各项任务；

(4) 在食品安全及相关领域具有较高的造诣和业务水平，具有副高级以上(含副高级)职称，年龄在 65 岁以下(院士除外)，身体健康；

(5) 从事食品安全标准、食品安全监管或与食品专业领域密切相关的工作。检验方法与规程专业分委员会委员应为从事实验室检测 5 年以上，且目前尚从事检验工作的人员；

(6) 能够履行委员的权利和义务，承担相应的职责和任务；

(7) 不在食品、食品添加剂、食品相关产品生产经营企业担任职务。

(二) 委员(含单位委员)的权利

(1) 有表决权，有获得相关资料和文件的权利；

(2) 有参加委员会会议和相关活动的权利；

(3) 对委员会工作进行监督，有提出批评意见的权利。

（三）委员（含单位委员）的义务

（1）遵守国家法律法规和委员会章程，执行委员会决议；

（2）按时参加委员会会议和活动，科学、及时、公正、明确地提出意见；

（3）承担委员会交办的任务；

（4）对有关涉密工作履行保密义务。

委员可以连聘连任，到期不续聘者自行解聘。委员本人聘期内要求退出委员会或因身体状况不能坚持正常工作的，由本人向秘书处提出书面申请，由主任委员批准后解聘。

委员会委员的职务如有变动，由该委员所在单位或部门推荐替补。

（四）委员出现下列情形之一的，予以解聘：

（1）不遵守委员会章程规定的；

（2）无故两次以上不参加委员会会议的；

（3）因工作变动及其他原因不适宜继续担任委员的；

（4）有与委员身份不符的其他行为，经提醒后未改正的。

秘书处或专业分委员会根据工作需要，可提出增补委员的人选，按《上海市食品安全地方标准审评委员会章程》的规定执行。

六、标 准 审 查

委员会按照以下程序审评食品安全标准立项和标准送审稿：

（一）秘书处初步审查；

（二）公开征求意见；

（三）专业分委员会会议审查；

（四）主任会议审议通过。

遇有紧急情况，本市食品安全地方标准送审稿可由秘书处初步审查、公开征求意见后，直接提交专业分委员会会议和主任会议共同审查通过。

委员作为地方标准项目负责人的，应当回避审评。

秘书处应当在召开专业分委员会会前 7 天将拟审查的本市食品安全地方标准送审稿(可以电文文件形式)提交专业分委员会委员(含单位委员)。

根据标准审查工作需要，由秘书长、常务副秘书长或副秘书长提名，经专业分委员会主任委员同意，可邀请有关行业协会等方面的专家或代表作为特邀专家参加审查会议。

各专业分委员会审查标准立项和标准草案时，三分之二以上(含三分之二)委员(含单位委员)到会为有效。

专业分委员会在审查本市食品安全地方标准立项和送审稿时，原则上应当协商一致。协调不一致需表决时，则必须由参加会议的委员（含单位委员）的四分之三以上（含四分之三）同意，方为通过（未出席会议的，以书面形式说明意见者，计入票数；未以书面形式说明意见者，不计入票数）。

对标准或条款有分歧意见的，须有不同观点的论证材料。审查标准的投票情况应如实记入会议纪要中。

专业分委员会审查的标准涉及其他专业分委员会的，必须书面征求其他专业分委员会意见，并邀请其他专业分委员会的主任委员、副主任委员参加标准审查。必要时，可由委员会副主任委员（可委托秘书长）负责专业分委员会间的协调。

课程五　食品安全地方标准管理

一、食品安全地方标准制(修)订

(一) 立项标准征集

上海市卫生和计划生育委员会根据国家卫生计生委对食品安全地方标准的相关规定在全市范围内征集年度食品安全地方标准立项建议，上海市食品安全地方标准审评委员会秘书处(以下简称“秘书处”)负责立项建议的收集和汇总，在立项建议征集期满后，秘书处负责将征集到的立项建议报市卫生计生部门。

(二) 审议立项建议

秘书处根据市卫生计生部门的意见，组织召开上海市食品安全地方标准审评委员会分委员会议，审议征集到的立项建议，根据立项建议的类型，产品和规范类立项建议交产品和规范分委员会审议，检验方法类立项建议交检验方法和规程分委员会审议。分委员会将提出是否拟立项的审议意见。

（三）咨询立项意见

在食品安全地方标准立项前，市卫生计生部门应向食品安全国家标准审评委员会秘书处书面咨询立项建议。食品安全国家标准审评委员会秘书处应当予以书面答复。

（四）确定项目计划及具体标准承担单位

秘书处向市卫生计生部门请示，适时召开主任会议，审议立项建议。会议结束后，按照规定与标准起草单位签订合同和拨付标准制（修）订经费。

（五）标准起草

标准起草单位开展调研和收集风险评估资料，开展标准研制工作，形成标准草案。秘书处对各标准计划项目的执行情况进行督促，并请起草单位定期提交食品安全标准起草进展情况书面报告。对因故需要调整、延期、终止或撤销食品安全地方标准制（修）订项目的，秘书处应及时向市卫生计生部门报告。

(六) 标准公开征求意见

秘书处对起草单位提交的标准草稿及其他相关资料进行初审，必要时，可以组织有关专家协助初审。不符合要求的标准，应要求起草单位修改完善。秘书处将通过初审的标准草稿整理后形成标准征求意见稿，秘书处将标准征求意见稿和编制说明报市卫生计生部门，经卫生计生部门审核后，公开征求意见。秘书处将收集整理的意见反馈给起草单位，并督促起草单位及时处理意见。

(七) 标准审查

秘书处对起草单位考虑各方意见修改形成的送审稿、编制说明、征求意见汇总表再次审查，符合相关要求后提前发送给相关专业分委员会委员。秘书处适时提请专业分委员会主任委员组织召开专业分委员会会议进行标准审查。秘书处协助专业分委员会主任委员组织标准审查，形成对标准送审稿的审查意见。秘书处书面通知起草单位按照专业分委员会审查意见对标准送审稿及编制说明进行修改，并尽快提交秘书处。秘书处向市卫生计生部门请示，适时召开主任会议，对经专业分委员会审查通过的标准进行审议。秘书处书面通知起草单位按照主任会议审议意见对标准送审稿及编制说明进行修改，并尽快提交秘书处。

（八）标准报批

秘书处对起草单位报送的标准报批稿进行审校，完成审校后报送市卫生计生部门。市卫生计生部门审核后行文发布标准。

（九）标准备案

食品安全地方标准公布之日起 30 个工作日内，市卫生计生部门向食品安全国家标准审评委员会秘书处提交报送文件、标准文本及编制说明等备案材料（含电子版）。食品安全国家标准审评委员会秘书处对符合要求的食品安全地方标准予以备案，存档备查，在官方网站公布标准目录和文本；对与食品安全国家标准矛盾的，及时向申请单位反馈意见。

（十）标准清理、跟踪评价等

根据食品安全国家标准公布等情况，及时组织开展食品安全地方标准清理，重点解决食品安全地方标准与国家标准交叉、重复或矛盾的问题，及时废止或修订与国家标准不一致的食品安全地方标准，并及时公布食品安全地方标准废止情况、清理后的食品安全地方标准目录和文本。

二、食品安全地方标准修改

食品安全地方标准公布后，任何公民或组织在实施过程中发现问题，均可向秘书处提出标准修改建议。标准修改建议应以书面形式提出，说明存在的问题，并提出修改的内容和理由。秘书处收集对标准进行修改的建议，符合下文规定的情形时，启动标准的修改程序：

(1) 因标准中的文字表述影响了对标准的理解，需要对条文或指标进行编辑性的修改；

(2) 因纠正错误、插入解释性的注或脚注等原因，需要增加、修改或删除标准中个别指标等非实质性内容；

(3) 因食品安全国家标准或其他食品安全地方标准中相关内容作了调整，需要更新本标准中的相关信息。

需要对标准进行修改时，秘书处组织标准起草单位确定需要修改的内容，采用标准修改单的方式修改标准。每项标准修改不应超过两次，每次修改内容一般不超过两项。秘书处将标准起草单位提交的标准修改建议及说明报市卫生计生部门同意后公开征求意见，并组织标准起草单位对意见进行处理。秘书处将充分考虑各方意见后的标准修改单提交上海市食品安全地方标准审评委员会审议，通过审议后按照标准报批的程序报市卫生计生部门批准发布。

标准需要调整的内容不适用于修改时，按照食品安全地方标准修订程序进行修订。

三、食品安全地方标准文本内容

食品安全地方标准文本可包括但不限于以下内容：

（一）名称。基于食品行业的分类方式选择能够反映产品真实属性的食品名称；具有地方特色的食品应当能反映食品特点；与相关行业标准表述相协调。

（二）适用范围。说明该标准具体适用于哪些食品。

（三）术语和定义。标准中出现的、需要加以明确解释的各类术语；需要定义的食品产品名称、需要加以进一步明确的食品分类要求。

（四）食品产品标准技术要求

(1) 原料要求：说明该食品产品的原料应当满足的食品安全要求或应当符合的标准。

(2) 感官要求：对产品的色、香、味等感官指标进行的描述。

(3) 理化指标：反映产品特征的、与食品安全相关的理化指标。

(4) 污染物限量：基于食品安全风险监测、风险评估结果确定的食品污染物指标，应当说明是否执行《食品安全国家标准　食品中污染物限量》(GB 2762—2012)，以及在该标准中的食品类别。

(5) 真菌毒素限量：基于食品安全风险监测、风险评估结果确定的真菌毒素指标，应当说明是否执行《食品安全国家标准　食品中真菌毒素限量》(GB 2761—2011)，以及在该标准中的食品类别。

(6) 微生物限量：基于食品安全风险监测、风险评估结果确定的致病菌限量指标，应当说明是否执行《食品安全国家标准　食品中致病菌限量》(GB 29921—2013)，以及在该标准中的食品类别。

(7) 食品添加剂及营养强化剂：基于食品安全风险监测、风险评估结果确定的相关指标，应当说明执行《食品安全国家标准　食品添加剂使用标准》(GB 2760—2014)和《食品安全国家标准 食品营养强化剂使用标准》(GB 14880—2012)相关规定。

(8) 其他需要规定的食品安全指标，如农药残留或兽药残留等，说明其与相应的食品安全国家标准的关系。

(9) 其他需要规定的指标。

(五) 食品检验方法地方标准相关要求参考食品安全国家标准相关规定。

(六) 食品生产经营规范地方标准相关要求建议参考《食品安全国家标准　食品生产通用卫生规范》(GB 14881—2013)规定,可根据各地实际情况调整。

食品安全地方标准文本及编制说明的要求应当参考《食品安全国家标准工作程序手册》的相关要求。

卫生监督培训模块丛书
公共卫生监督卷

模块四
食品安全企业标准备案

企业标准是对企业范围内需要协调、统一的技术要求，管理要求和工作要求所制定的标准。企业标准由企业制定，由企业法人代表或法人代表授权的主管领导批准、发布。

2015年，随着食品安全国家标准整合工作的基本完成，食品安全横向标准基本完善，不存在没有食品安全国家标准或者地方标准的情况，因此在《食品安全法》(2015)中规定：“国家鼓励食品生产企业制定严于食品安全国家标准或者地方标准的企业标准，在本企业适用，并报省、自治区、直辖市人民政府卫生行政部门备案。”

课程六　食品安全企业标准备案概述

一、食品安全企业标准法律体系概述

食品安全企业标准备案最早出现于《食品安全法》(2009)，该法规定“企业生产的食品没有食品安全国家标准或者地方标准的，应当制定企业标准，作为组织生产的依据，国家鼓励食品生产企业制定严于食品安全国家标准或者地方标准的企业标准。企业标准应当报省级卫生行政部门备案，在本企业内部适用。”随着食品安全国家整合工作的基本完成，食品安全横向标准基本完善，基本不存在没有食品安全国家标准或者地方标准的情况，因此在《食品安全法》(2015)中规定：“国家鼓励食品生产企业制定严于食品安全国家标准或者地方标准的企业标准，在本企业适用，并报省、自治区、直辖市人民政府卫生行政部门备案。”删去2009版中没有食品安全国家标准或地方标准的情形。

根据《食品安全法》(2015)、《国家卫生计生委办公厅关于进一步加强食品安全标准管理工作的通知》(国卫办食品函〔2016〕733号)的相应要求，上海市卫生计生委修订并发布了《上海市食品安全企业标准备案办法》，作为规范上海市食品安全企业标准备案的主要工作。

二、食品安全企业标准备案历史沿革

(一) 国家层面

我国企业产品标准备案制确立前，对企业产品标准的管理建构于相关的行政法规。企业标准最早出现于1962年11月10日国务院通过的《工农业产品和工程建设技术标准管理办法》。其中规定："凡是未发布国家标准和部标准的产品和工程，都应制企业标准。但是企业标准的制定、审批和发布办法都由政府负责或者规定。"随着我国的改革开放，计划经济下的企业标准管理制度已经不再适用，市场经济要求赋予企业更多的自主权。在企业标准管理方面国家也逐渐赋予企业对企业标准的制定权。国务院于1979年7月31日发布实施了《标准化管理条例》，虽然条例构建的标准管理模式表现出与计划经济体制相适应的政府绝对主导的显著持性，但条例承认企业拥有制定自用的产品质量标准的权利，只是企业自己无权批准实施企业产品标准，必须要经过企业主管部门批准后方能生效实施。1981 年 11 月 16 日，国家标准局（现为国家质检总局）发布实施的《工业企业标准化工作管理办法（试行）》明确企业在原则上可自行组织制定（修定）并由企业负责人批准、发布企业标准，但是企业标准若要作为商品交货条件的或者超出一个企业范围内使用的则需由企业上级主管部门审批和发布。《标准化管理条例》和《工业企业标准化工作管理办法（试行）》在赋予企业制定企业标准自主权的同时，也奠定了企业标准备案制度的雏形。

1988 年 12 月 29 日我国标准化法制工作的里程碑——《中华人民共和国标准化法》正式通过，并于 1989 年 4 月 1 日起正式实施。其中第六条第二款第一次在法律层面确立了我国的企业产品标准备案制度："企业生产的产品没有国家标准和行业标准的，应当制订企业标准，作为组织生产的依据。企业的产品标准须报当地政府标准化行政主管部门和有关行政主管部门备案。"法律中明确了企业标准由企业自行制定，但是企业的产品标准要报当地的标准化行政主管部门和有关行政主管部门备案。随后1990年4月6日发布实施的《中华人民共和国标准化法实施条例》依据上述条款设立了相应细则和罚则。第十七条第一款“企业生产的产品没有国家标准、行业标准和地方标准的，应当制定相应的企业标准，作为组织生产的依据。企业标准由企业组织制定（农业企业标准制定办法另定），并按省、自治区、直辖市人民政府的规定备案”和第三十二条“违反《标准化法》和本条例有关规定，有下列情形之一的，由标准化行政主管部门或有关行政主管部门在各自的职权范围内责令限期改进，并可通报批评或给予责任者行政处分：（一）企业未按规定制定标准作为组织生产依据的；（二）企业未按规定要求将产品标准上报备案的；……”自此开始，消灭“无标生产”成了质量技术监督部门的一项重要任务，并在《全国消灭无标生产试点县实施方案》（技监局标函〔1995〕245号）等一系列文件中界定“企业产品标准未按程序备案的为没有合法的标准”，所有产品类型（包含食品）的生产企业开始前往当地质量技术监督部门备案。

1995年发布实施的《食品卫生法》中提及了食品卫生标准的概念，食品卫生标准由国务院卫生行政部门或省级人民政府制定，未提及企业标准层面的操作问题。在实际操作中，企业往往以食品卫生标准为参考制定企业标准，并向当地质量技术监督部门备案。2009 年《食品安全法》发布实施以后，替代了《食品卫生法》，其中第二十五条规定："企业生产的食品没有食品安全国家标准或者地方标准的，应当制定企业标准，作为组织生产的依据。国家鼓励食品生产企业制定严于食品安全国家标准或者地方标准的企业标准。企业标准应当报省级卫生行政部门备案，在本企业内部适用。"自此开始，根据法律条款食品类别的企业标准不再向质量技术监督部门备案，转而向省级卫生行政部门备案。在实际工作中，根据《食品安全法》(2009)和原卫生部《食品安全企业标准备案办法》(卫政法发〔2009〕54 号)的要求，食品的企业标准备案转由卫生行政部门负责，逐渐自成独立体系。

2015 年《食品安全法》修订，涉及企业标准备案的条款发生了变化，上述第二十五条变化为第三十条"国家鼓励食品生产企业制定严于食品安全国家标准或者地方标准的企业标准，在本企业适用，并报省、自治区、直辖市人民政府卫生行政部门备案。"根据相关修订说明，食品安全国家标准整合工作基本完成，食品安全国家标准体系基本完善，不存在没有食品安全国家标准或者地方标准的情况，因此与原条款相比删除了“企业生产的食品没有食品安全国家标准或者地方标准的，应当制定企业标准，作为组织生产的依据。”截止收稿日，《食品安全法实施条例》等一系列法规文章均在修订过程中。

（二）本市层面

上海市作为我国食品安全监督管理机构改革的先行先试者，于2005年将食品安全的监管职能由原市卫生局分别转移到市质监部门（食品生产）、市工商部门（食品流通）和市是要监管部门（餐饮等），食品安全企业标准备案的管辖也先后经历了几次变更，2009年6月30日之前，由市质监部门负责，之后由市食药监部门负责，2014年7月1日之后，由市卫生计生行政部门负责。

2013年，根据《中共中央关于全面深化改革若干重大问题的决定》、《国务院关于促进市场公平竞争维护市场正常秩序的若干意见》（国发〔2014〕20号）、《国务院关于印发深化标准化工作改革方案的通知》（国发〔2015〕13号）、《质检总局、国家标准委关于印发〈企业产品和服务标准自我声明公开和监督制度建设工作方案〉的通知》（国质检标联〔2015〕422号）等一系列文件的精神，要求放开搞活企业标准，建立企业产品和服务标准自我声明公开和监督制度，逐步取消政府对企业产品标准的备案管理，落实企业标准化主体责任，于2017年修订《标准化法》并全面实施企业产品和服务标准自我声明公开和监督制度。

（三）国际层面

国际上，企业标准通常被称为私营标准，又称"Private Voluntary Standard(缩写PVS)"、"Private Food Standard"或"Private Food Schemes"等，指非政府机构设立的、用于规范商业团体内部产品质量以满足其自身品质需求的自愿性标准、认证和措施。私营标准不同于官方标准或国家标准，不受世界贸易组织（WTO）发布的《实施卫生与植物卫生协定》（Sonitary and Phytosanitary, SPS）的协议约束，又经常被下游企业作为对上游企业的强制要求。有些企业出于保证质量和品质的立场制订了严于或基于国内/国际标准的私营标准，例如乐购的"Tesco Nature Choice"；有些行业联盟出于提高质量品质从而提高价格的立场制订了产品质量等级差异化的私营标准，例如巴西的"Coffee Roasters Association of Brazil"对于不同品种、不同质量的咖啡豆制订了私营标准，采取按级别划分，这样就产生了价格的差异化；有些国际组织基于提高组织成员食品质量的立场制订了严于国际标准的私营标准，例如欧洲零售商协会的“EUREPGAP”（欧盟良好农业操作规范），包含了从生产商到零售商的供应链中的各个环节的严格规定。由此可见，私营标准作为企业间的市场化行为或者行业组织的整体运作的产物，正在国际贸易中发挥着不可忽略的作用，有时帮助下游企业提高了产品质量，有时帮助整个行业划分优劣保证利益最大化，有时则成为了贸易壁垒。

三、食品安全企业标准备案原则

食品安全企业标准备案应当符合《食品安全法》(2015)、《上海市食品安全条例》和《上海市食品安全企业标准备案办法》等法律法规的要求。

以食品无毒、无害，符合应当有的营养要求，对人体健康不造成任何急性、亚急性或者慢性危害为前提，以严于食品安全国家标准或者上海市食品安全地方标准为要求，以保证公众知情权和落实企业主体责任为目的，以信息化和标准化为基石，保证食品安全企业标准备案工作严格、规范、高效、公开地开展。

课程七　食品安全企业标准核对流程

一、食品安全企业标准备案流程

根据《上海市食品安全企业标准备案办法》的规定，本市食品生产企业制定严于食品安全国家标准或上海市食品安全地方标准的企业标准的，应当于备案前在上海市卫生计生委指定的网站（上海市食品安全信息服务平台，spaq.hs.sh.cn）向社会公众公示不少于20个工作日。公示期满后，企业根据公众意见修改企业标准等材料；完成修改后，网上提交预约；预约通过后，按照预约时间，至预约办理的窗口（或邮寄）提交全部申请材料。接收材料之日起10个工作日内，本市卫生计生行政部门在企业标准文本封面上标注备案号。企业自行打印标注过备案号的企业标准，完成备案。

备案所需要的材料应当包括：

（一）经过公示的企业标准文本；

（二）严于食品安全国家标准或者上海市食品安全地方标准的具体内容和依据情况；

（三）企业营业执照复印件；

（四）企业法定代表人身份证明复印件；委托办理的，应当同时提交授权委托书原件、委托代理人身份证明复印件。

依据《上海市食品安全企业标准备案办法》和《上海市行政审批制度改革领导小组关于调整护士执业注册等行政审批的决定》（沪审改办发〔2015〕65号）对备案部门进行划分。

市卫生计生行政部门负责除生产地位于浦东新区以外的新食品原料、特殊膳食用食品、生食水产品、乳及乳制品、保健食品的企业标准备案工作。

各区卫生计生行政部门负责辖区内除上述规定以外的食品类别的企业标准备案工作。浦东新区卫生计生行政部门负责辖区内新食品原料、特殊膳食用食品、生食水产品、乳及乳制品、保健食品的企业标准备案工作。

市卫生计生行政部门委托市卫生计生委监督所开展企业标准备案工作，区县卫生计生行政部门委托区县卫生计生委监督所开展企业标准备案工作。

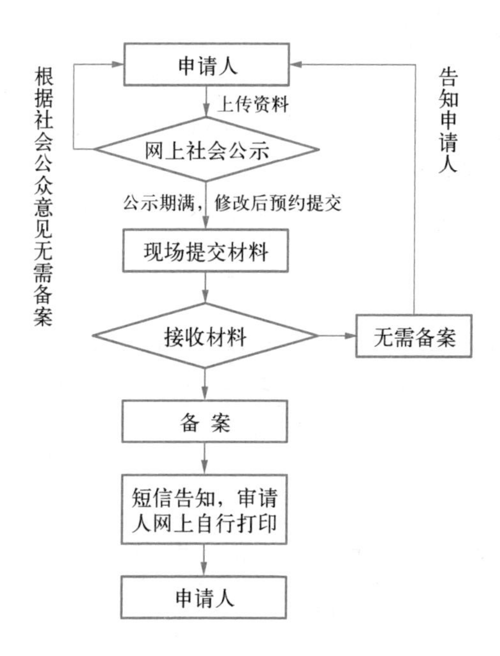

二、食品安全企业标准备案审查要点

（一）审查种类

食品安全企业标准备案工作审查的主要内容分为形式审查、材料审核、一致性审查三部分。

形式审查主要针对申请材料是否齐全/无误；材料审核主要针对材料内容是否符合《食品安全

法》《上海市食品安全条例》等法律法规以及食品安全国家标准、上海市食品安全地方标准的要求；一致性审查主要针对纸质材料和信息系统内数据记录是否一致。

形式审查和一致性审查不做赘述。

（二）材料审核

1. 材料审核对申请材料有如下规定：

序号	审核内容	审核要求	审核方法	判定标准
1	经过公示的企业标准文本	审核是否符合《上海市食品安全企业标准备案办法》的要求	书面审核	（1）企业标准应当严于食品安全国家标准或上海市食品安全地方标准 （2）企业标准文本是指标准名称、编号、适用范围、术语和定义、食品安全项目及其指标值和检验方法 （3）企业标准公示期满
2	严于食品安全国家标准或者上海市食品安全地方标准的具体内容和依据情况	审核是否为真实、合理、一致	书面审核	（1）企业根据自身特点制订严于指标的，应说明可以保证企业标准内严于指标的具体措施 （2）应当包括企业标准内严于指标的制订依据和制订过程 （3）应当包括企业标准严于指标的验证过程

（续表）

序号	审核内容	审核要求	审核方法	判定标准
3	工商营业执照	核查是否真实一致	书面审核	与原件一致并加盖公章
4	企业法定代表人身份证明	核查是否真实一致	书面审核	（1）法人本人申请备案的，提供与原件一致的法人身份证明 （2）委托申请备案的，另须提供授权委托书、委托代理人与原件一致的身份证明

2. 标准文本审核要点

（1）标准文本的基本结构

标准文本一般包括封面、前言、正文、附录四部分。

① 封面包括标准编号、标准名称、发布日期、实施日期、发布企业。标准名称应简练、明确表示标准的主题，使之与其他标准相区分。发布日期为标准发布的日期，实施日期为标准开始实施的日期。

② 前言包括标准的参照情况、替代情况和指标的变化情况。

③ 正文包括标准名称、范围、技术要求等，术语和定义可以根据需要选择使用。标准名称应与封面一致。范围应简洁，并明确标准的适用对象，

也可以指出标准的不适用对象；若包含一种以上适用类别时应清楚说明。术语和定义应定义标准中所使用且属于标准范围覆盖的概念，以及有助于理解这些定义的附加概念。技术要求是以保护消费者健康为目标所设定的项目、指标及其检验方法，包括感官指标、理化指标、污染物指标、微生物指标、食品添加剂、营养强化剂等。

④ 附录包括资料性附录和规范性附录，有助于理解或使用标准的附件信息应在附录中说明。

（2）标准文本的技术性核查

任何的食品均可以表述为“以……为原料，经过……的工艺，制成的……特性的……食品”，因此标准文本的审核判断由食品原料、生产工艺、终产品特性三部分组成。按照如下步骤对标准进行核对：

① 该食品的定义应当与参照标准一致，该食品应当属于参照标准调节的范围。食品的名称是可以清晰地标示反映食品真实属性的专用名称。当国家标准、行业标准或地方标准中已规定了某食品的一个或几个名称时，应选用其中的一个，或等效的名称。无国家标准、行业标准或地方标准规定的名称时，应使用不使消费者误解或混淆的常用名称或通俗名称。为了不使消费者误解或混淆食品的真实属性、物理状态或制作方法，可以在

食品名称前或食品名称后附加相应的词或短语。如“干燥的”“浓缩的”“复原的”“熏制的”“油炸的”“粉末的”“粒状的”等。

② 该食品的原料应当符合法律法规标准的要求，合法的原料包括但不限于普通食品、食用农产品、按照传统既是食品又是中药材的物质、新食品原料、可用于食品的菌种、食品添加剂、营养强化剂、国家卫计委审查通过的进口尚无食品安全国家标准的食品。

《食品安全法》规定食品中不得添加药品，但是根据原卫生部《禁止食品加药卫生管理办法》((87)卫防字第 57 号)的规定，对在食品卫生法生效以前，传统上把药物作为添加成分加入，不宣传疗效并有 30 年以上连续生产历史的定型包装食品品种，经所在地省、自治区、直辖市卫生行政部门批准并向卫生部备案，可以销售，销售地区不限。本市涉及的已有连续多年生产历史的传统食品有上海梨膏糖食品厂的梨膏糖(药梨膏)，江浙沪地区还有江苏南通颐生酒业有限公司生产经营的“船牌颐生”茵陈大曲酒属于已有连续多年生产历史的传统食品。

③ 食品添加剂和营养强化剂的使用应当符合 GB 2760 和 GB 14880 的规定。

食品添加剂的品种、使用范围和使用量应符

合 GB 2760 中对应食品类别中的要求，尤其需注意同一功能的食品添加剂（相同色泽着色剂、防腐剂、抗氧化剂）在混合使用时，各自用量占其最大使用量的比例之和不应超过 1；在使用 GB 2760“反带入原则”时应当注意在标识中作出相应要求；GB 2760 食品分类系统用于界定食品添加剂的使用范围，只适用于 GB 2760。如允许某一食品添加剂应用于某一食品类别时，则允许其应用于该类别下的所有类别食品，另有规定的除外。

在食品中使用食品用香料、香精的目的是使食品产生、改变或提高食品的风味。食品用香料一般配制成食品用香精后用于食品加香，部分也可直接用于食品加香。在食品中使用香精香料应符合 GB 2760 的规定。按照 GB 2760 的规定食品用香料、香精在各类食品中按生产需要适量使用，GB 2760 中表 B.1 中所列食品没有加香的必要，不得添加食品用香料、香精，法律、法规或国家食品安全标准另有明确规定者除外。

营养强化剂的品种、使用范围、强化量和化合物来源应当符合 GB 14880 中对应食品类别中的要求。需要注意的是 GB 14880 规定的营养强化剂的使用量，指的是在生产过程中允许的实际添加量，该使用量是考虑到所强化食品中营养素的本底含量、人群营养状况及食物消费情况等因素，根据风险评估的基本原则而综合确定的。鉴于不同食品原料本底所含的各种营养素含量差异性较大，而且不同营养素在产品生产和货架期的衰减和损失也不尽相同，所以强化的营养素在终产品中的实际含量可能高于或低于本标准规定的该营养强化剂的使用量。

④ 终产品的指标中等同采纳食品安全国家标准或者上海市食品安全地方标准的应当齐全，包括但不限于 GB 2761、GB 2762、GB 2763、GB 29921 以及对应的产品标准中指标。终产品的指标中严于食品安全国家标准或者上海市食品安全地方标准的应当准确合理，包括严于的标准应正确、该指标的检验方法应一致、严于的指标的制定过程应合理可行等内容。需要注意的是，部分微生物检验方法的结果是离散型变量，而非连续型变量；部分农药残留检验方法的检出限等同于农药残留限值。因此，需要关注严于食品安全标准的指标的检验方法，保证该指标可以被计算出。

⑤ 生产加工过程中的卫生规范应当齐全，包括 GB 14881 和特定类别食品的生产卫生规范。

⑥ 标签应当符合 GB 7718、GB 28050、相应产品标准以及特定公告的要求，符合《食品标识管理规定》(质检总局第 123 号令)的规定。尤其需要注意的是部分新食品原料的公告中有食用量及

不适宜人群等要求；部分产品类食品安全国家标准对标签有特殊要求，例如：酒类的标签除酒精度和保质期的标识外，还应标示“过量饮酒有害健康”等警示语；婴儿配方食品应标明“对于0～6月的婴儿最理想的食品是母乳，在母乳不足或无母乳时可食用本产品”。

⑦ 包装应当符合食品接触材料的相关标准。常见的食品接触材料包括搪瓷、玻璃、陶瓷、金属、塑料、纸、橡胶、涂层，均有相应的食品安全国家标准。

⑧ 运输、贮存应符合该食品本身特性的要求。尤其需要注意的是部分上海市食品安全地方标准中对于产品运输、贮存的温度有特殊要求。

⑨ 保质期是食品生产经营者根据食品原辅料、生产工艺、包装形式和贮存条件等自行确定，在标明的贮存条件下保证食品质量和食用安全的最短期限，其制定应当符合相应标准的要求。尤其需要注意的是部分上海市食品安全地方标准中对于保质期有特殊要求。

严于食品安全国家标准或者上海市食品安全地方标准的具体内容和依据情况应当说明严于食品安全标准的指标的具体内容；企业根据自身特点制订严于指标的，应说明可以保证企业标准内严于指标的具体措施、企业标准内严于指标的制订依据和制订过程、企业标准严于指标的验证过程。

其他材料，根据《食品安全法》(2015)版的规定，国家对保健食品、特殊医学用途配方食品和婴幼儿配方食品等特殊食品实行严格监督管理，故进行上述类别食品的企业标准备案时应当提供其他相应材料。

根据《食品安全法》(2015)和《保健食品注册与备案管理办法》(国家食品药品监督管理总局令第22号)的规定，保健食品包括注册和备案两种情形。保健食品注册，是指食品药品监督管理部门根据注册申请人申请，依照法定程序、条件和要求，对申请注册的保健食品的安全性、保健功能和质量可控性等相关申请材料进行系统评价和审评，并决定是否准予其注册的审批过程。保健食品备案，是指保健食品生产企业依照法定程序、条件和要求，将表明产品安全性、保健功能和质量可控性的材料提交食品药品监督管理部门进行存档、公开、备查的过程。故进行食品安全企业标准备案时，企业应当提供《保健食品注册证书》或《备案凭证》。

根据《食品安全法》(2015)和《特殊医学用途配方食品注册管理办法》(国家食品药品监督管理总局令第24号)的规定，特殊医学用途配方食品注册，是指国家食品药品监督管理总局根据申请，依照本办法规定的程序和要求，对特殊医学用途配方食品的产品配方、生产工艺、标签、说明书以及产品安全性、营养充足性和特殊医学用途临床效果进行审查，并决定是否准予注册的过程。故进行食品安全企业标准备案时，企业应当提供特殊医学用途配方食品注册证书。

根据《食品安全法》(2015)和《婴幼儿配方乳粉产品配方注册管理办法》(国家食品药品监督管理总局令第 26 号)的规定，婴幼儿配方乳粉产品配方注册，是指国家食品药品监督管理总局依据本办法规定的程序和要求，对申请注册的婴幼儿配方乳粉产品配方进行审评，并决定是否准予注册的活动。故进行食品安全企业标准备案时，企业应当提供婴幼儿配方乳粉产品配方注册证书。

课程八　食品安全企业标准备案系统

一、食品安全企业标准备案系统框架

食品安全企业标准备案系统包括了外网申请平台、内网许可平台、外网公示(公开)平台等内容,其设计是采用典型的 J2EE 三层机构进行设计,分为表现层、逻辑层和数据层。表现层,负责与用户交互,提供基于 WEB 的用户操作界面,完成用户信息录入、打印等操作功能。逻辑层作为中间层,通过接收表现层的数据请求,按照预定功能完成预定逻辑的业务功能。数据层采用 SQL Server 数据库,根据数据特点,确定数据的主题类别,建立不同的数据表(table),设计每一张表内的字段,并确定表之间的关联关系。

食品安全企业标准备案系统的架构设计采用的是 B/S 结构,业务处理模块、进程控制及系统服务部署在数据服务器上，数据库部署在数据服务器上，数据服务器和公示服务器通过交换机连接，实现数据交换。客户端通过不同的接入方式连接到Internet，通过 IE 或其他浏览器打开用户界面，通过网络协议，同数据服务器进行通信和数据交换。

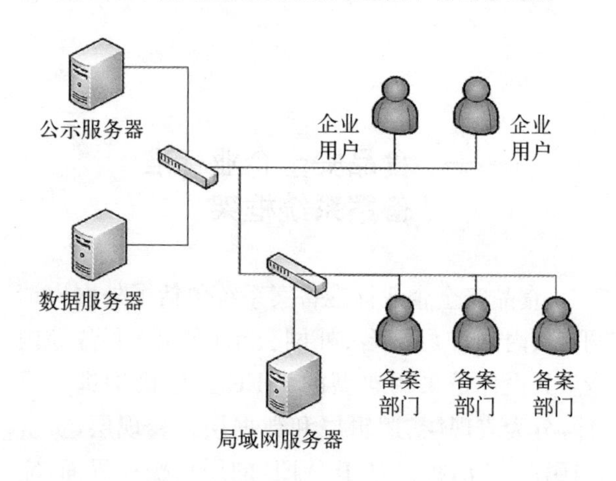

食品安全企业标准外网申请平台位于网站中国·上海（www.shanghai.gov.cn）的网上政务大厅栏目，提供全程在线受理等服务。申请企业标准备案的食品生产企业需凭借企业法人一证通登录上海市食品安全企业标准备案申请系统完成备案前社会公示、网上申请、网上预约、网上打印等环节。

上海市法人一证通是为在本市设立的各类法人提供法人网上身份统一认证服务。服务对象包括全市所有企业、事业、社团、政府机关、个体工商、律师事务所等多类法人。凭借上海法人一证通实施法人网上身份统一认证，可以实现各部门业务系统数字证书互认，为各类法人在不同政府部门、不同业务系统在线办事提供统一数字认证服务，全面推行“一证通用”。

二、外网申请平台的使用指南

（一）备案前公示

（1）进入中国·上海页面（www.shanghai.gov.cn）。

（2）在网上政务大厅中搜索“食品安全企业标准备案”。

（3）选择“食品安全企业标准备案-上海市食品安全企业标准备案”。

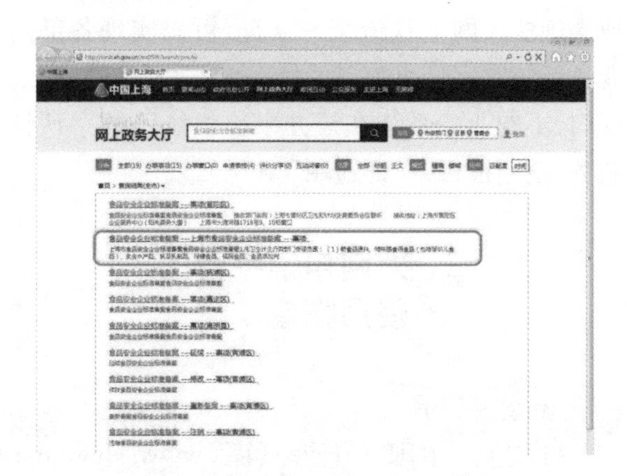

（4）阅读办事明细后点击立即办理。

（5）使用法人一证通登陆后，点击“申请”按钮。

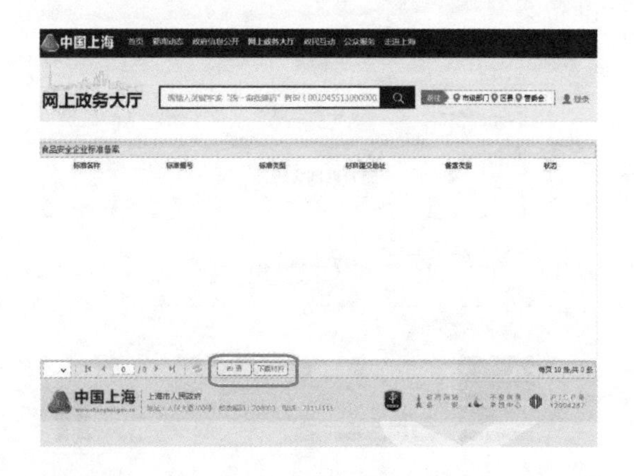

(6) 如实填写企业信息、联系人信息、标准信息，上传《标准文本》(★不包含封面和页眉的 word 版本)、《严于食品安全国家标准或上海市食品安全地方标准的具体内容和依据情况》《企业营业执照扫描件》《企业法定代表人身份证明扫描件；委托办理的应当同时提交授权委托书原件、委托代理人身份证明扫描件》《其他材料》。

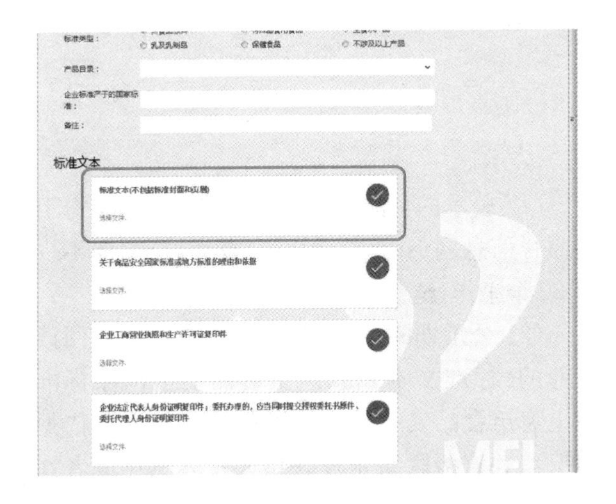

(7) 不能一次完成网上填写的可以“暂存”。

(8) 提交公示前阅读企业承诺后勾选“已阅”。

(9) 提交公示。

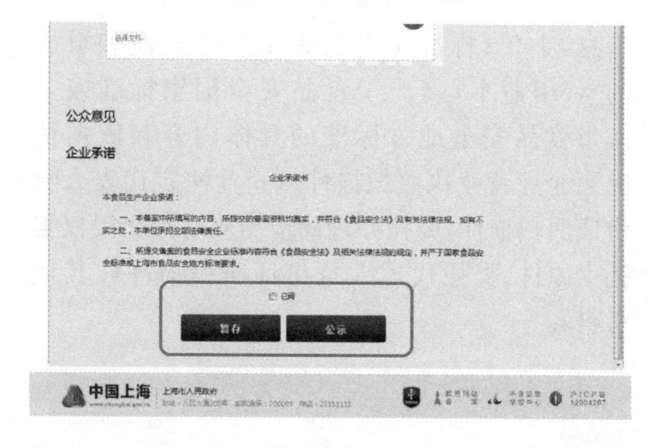

（二）公示

（1）公示的食品安全企业标准可以在上海卫生监督信息网（spaq.hs.sh.cn）查询，公示期不少于20个工作日。

（2）公示期间，社会公众可以自行下载阅读企业的《标准文本》和《严于食品安全国家标准或上海市食品安全地方标准的具体内容和依据情况》，并直接联系企业联系人发表意见或者在线发表意见。该部分内容将在外网公示（公开）平台详述。

（3）企业在公示期间可以按步骤1的再次登录点击“修改/详情”查看公众在线发表的意见。

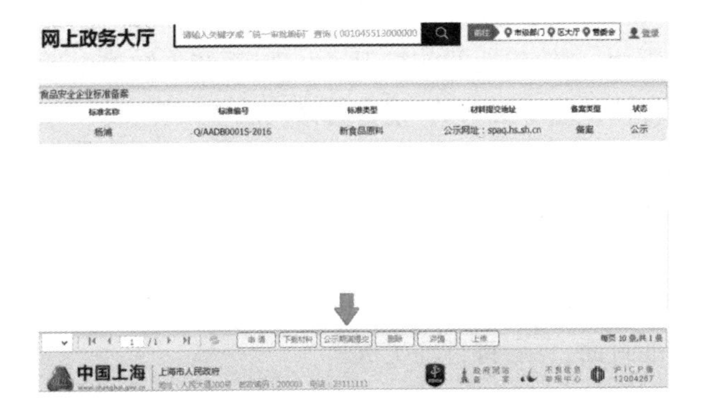

（三）提交预约

（1）公示期满后，根据公示期征集到的社会公众意见上传/修改企业标准，点击“公示期满提交”提交预约。

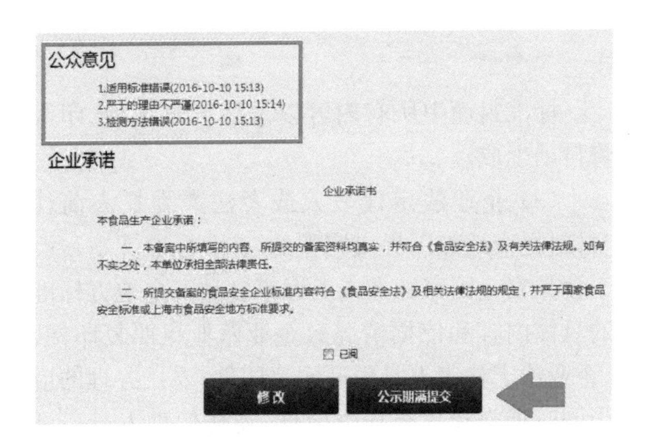

(2) 提交后，等待系统告知或电话告知预约成功，预约成功的前往现场办理；系统告知或电话告知预约不成功的，请自行修改后重新提交。

(四) 现场提交/邮寄提交

(1) 预约成功后，企业进入系统，自行打印标准文本，点击“打印”，打印待备案的企业标准。标准封面、页眉将自动生成。

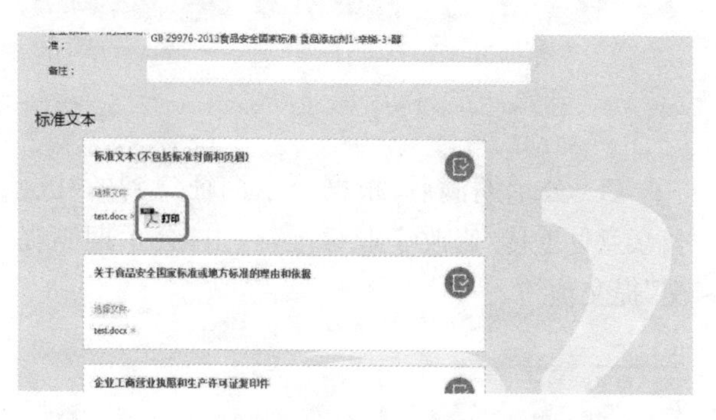

标准封面中所有内容以及标准页眉、水印等将自动生成。

(2) 企业法定代表人或者法人委托人前往“材料提交地点”，提交完整的《企业标准文本》《严于食品安全国家标准或上海市食品安全地方标准的具体内容和依据情况》《企业营业执照复印件》《企业法定代表人身份证明复印件；委托办理的应当同时提交授权委托书原件、委托代理人身份证

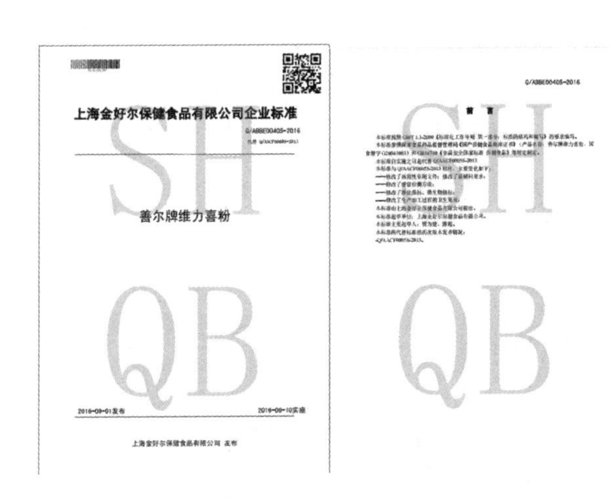

上海金好尔保健食品有限公司企业标准

Q/ABBE0040S-2016

善尔牌维力喜粉

2016-09-01发布　　2016-09-10实施

上海金好尔保健食品有限公司　发布

前　言

Q/ABBE0040S-2016

明复印件》《其他材料》。

(3) 现场提交后10个工作日内完成备案，可自行关注备案状态，或者等待短信通知。

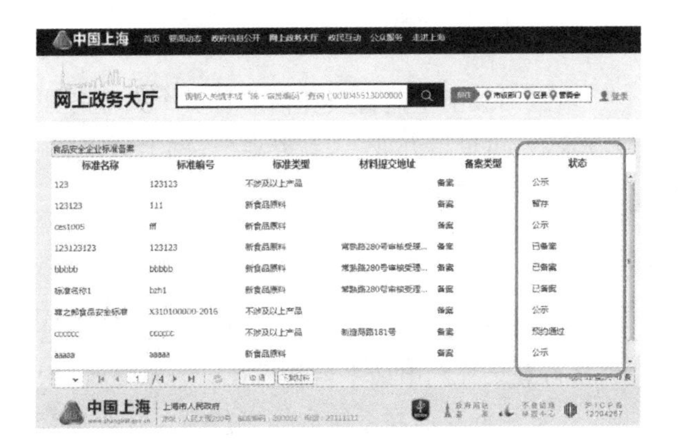

标准名称	标准编号	标准类型	材料提交地址	备案类型	状态
123	123123	不涉及以上产品		备案	公示
123123	111	新食品原料		备案	暂存
ces1005	fff	新食品原料		备案	公示
123123123	123123	新食品原料	常熟路280号审核受理...	备案	已备案
bbbbb	bbbbb	新食品原料	常熟路280号审核受理...	备案	已备案
标准名称1	bzh1	新食品原料	常熟路280号审核受理...	备案	已备案
源之邮食品安全标准	X310100000-2016	不涉及以上产品		备案	公示
cccccc	cccccc	不涉及以上产品	制造局路181号	备案	预约通过
aaaaa	aaaaa	新食品原料		备案	公示

（五）完成备案

状态显示完成备案后，企业可以前往按照前述步骤重新打印备案完成的《企业标准文本》。

食品安全企业标准内网许可平台位于上海卫生计生综合业务平台（上海卫生监督事中事后监管平台，10.141.221.17:7777）中的许可系统。市区两级卫生监督员凭借监督员个人业务账号登录内网许可平台，个人业务账号由市区两级卫生监督所数据管理员负责维护。登录后，市区两级卫生监督员可以在内网许可平台中完成网上预约、材料流转、档案查询等业务。

三、内网许可平台的使用指南

（一）系统概况

市区两级卫生监督员凭借监督员个人业务账号登录后，可见待办业务、新办业务、网上预审、流程跟踪、事后监管五个模块，页面如下。

（二）网上预审

（1）企业完成不少于20个工作日的社会公示，自行登录外网申请平台查看社会公众意见，根据公众意见调整后在系统内提交预约。企业提交

预约后，系统根据企业填写的企业生产所在区县和标准类别将业务提交到市区两级卫生监督部门中具有网上预审权限的经办人员账户内。

系统的分配原则为市卫生计生委监督所负责新食品原料、特殊膳食用食品、生食水产品、乳及乳制品、保健食品的企业标准备案业务；生产企业地址位于浦东新区的由浦东新区卫生计生委监督所负责上述产品企业标准备案业务；区卫生计生委监督所负责辖区除上述规定以外的食品类别企业标准备案业务。

(2) 经办人员点击网上预审后可以查看所有待网上预审的业务，单击每笔业务后的预审按钮可以进入单笔业务的预审。

（3）进入单笔业务后可以查看企业填写/上传的所有信息，包括企业信息、标准信息、上传文件三部分。经办人员可以点击标准文本后的 打印按钮查看转化成 PDF 后标准文本，注：企业自行制定的企业标准号和系统自动生成的备案号不可编辑。

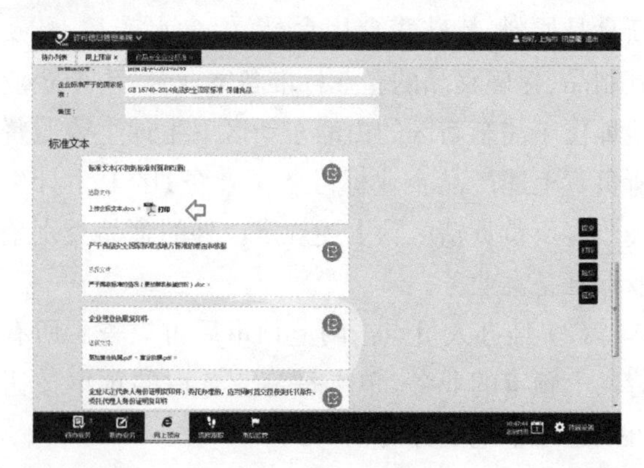

（4）完成预审后，经办人员可以在页面顶端选择预审通过与否，审核通过的直接选择审核通过点击短信按钮，发送预约信息，随后点击提交按钮，也可通过联系电话告知预约信息。

（5）审核不通过，需要企业补充材料的选择审核不通过，在文本框内输入不通过理由（选择不通过理由），点击提交，系统将自动将理由短信告知企业。

（三）材料流转

（1）预约通过后，业务进入待办业务栏目。在企业提交或邮寄全部盖章的申请材料后开始内部流转。在待办业务栏目中，可以查看所有本经

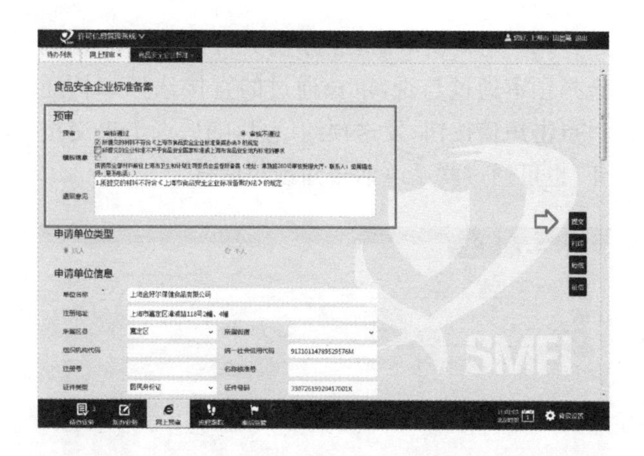

办人员的待办任务，单击任意一条业务记录，可以在右侧查看审批进度。审批进度包括流程步骤、经办人、处理时间三部分。双击任意一条业务记录，可以进入该笔业务的具体内容。

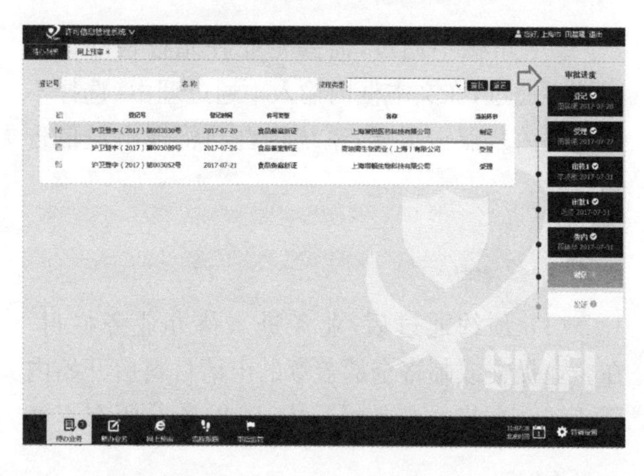

(2) 进入单笔业务后，根据审批流程，办理业务的类型有所不同，主要分为登记、受理、审核、审批、委内、制证、发证七个步骤，每个步骤内的操作不完全一致，详见下表。

流程	操作及相关文书	备　注
登记	网上预审转入，无操作	网上预审通过后自动转入待办任务
受理	进行受理或补正，打印《申请材料接收凭证》或《补正申请书》	经办人员核对系统内信息和纸质材料，打印相应文书材料
审核	进行同意或退回，打印《审批流转单》	科长审核系统内信息和纸质材料，打印《审批流转单》
审批	进行批准或不批准	分管所长审批系统内信息和纸质材料，拟同意
委内	进行委内审核、制证	委内审核后，交经办人员制证
制证	选择备案日期，提交发证	经办人员核对备案日期，系统自动生产备案号
发证	发证，打印卷内目录	经办人员打印档案卷内目录，发证，系统自动进行信息公开

(3) 各区食品安全企业标准备案的流转流程由各区自行确定，由各区信息管理员联系市卫生监督所信息科选择/调整审核流程、审核人员、审核权限。

(四) 数据查询

(1) 业务查询可以通过流程跟踪栏目查询。

通过检索条件可以在权限内凭借企业名称、登记号、业务类型、节点步骤筛选记录。通过点击任意一条业务记录可以查看其办理进度，包括办理时间、处理人、流程环节等内容。双击任意一条办理进度中的子记录可以查看该条任务的详细信息，页面等同于待办环节的页面，但无法进行任何操作。

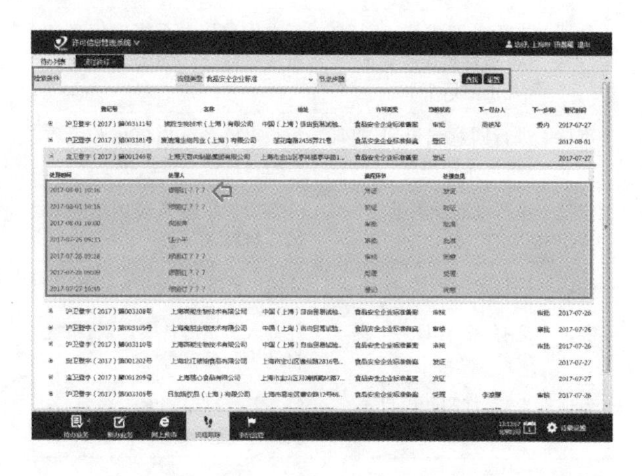

(2) 报表查询可以通过综合业务平台中数据查询系统中的食品安全企业标准备案报表查询进行。经办人员可以根据时间和备案部门，查询记录ID、企业名称、企业所属区县、企业生产所在区县、标准名称、标准编号、发布日期、实施日期、备案号、备案部门、备案日期、标准类型、产品目录代

码、产品目录、严于的食品安全标准、公示期意见、备案天数等全部信息，并可导出至 excel 文件。

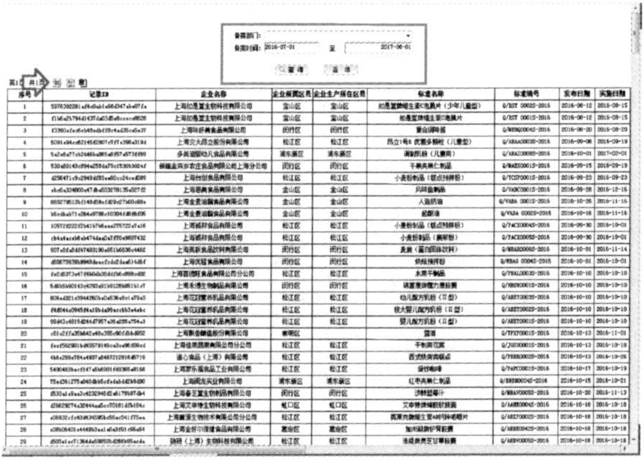

备案部门：

备案时间：2016-07-01 至 2017-06-01

查询 重填

第1页 共1页

序号	记录ID	企业名称	企业所属区县	企业生产所在区县	标准名称	标准编号	发布日期	实施日期
1	5976382281af4c0ab1e664347abe07fa	上海如是宜生物科技有限公司	宝山区	宝山区	如是宜牌维生素C泡腾片（少年儿童型）	Q/RST 0002S-2016	2016-08-12	2016-08-15
2	f1b6a2b794d1437da03d5e8cccc0620	上海如是宜生物科技有限公司	宝山区	宝山区	如是宜牌维生素C泡腾片	Q/RST 0001S-2016	2016-08-12	2016-08-15
3	f3390afec6cb48edbff8c4a435ca5e37	上海味好美食品有限公司	闵行区	闵行区	复合调味酱	Q/WHMQ0004S-2016	2016-08-20	2016-08-20
4	5091e94ce6214542807c7f7e398a3194	上海交大昂立股份有限公司	松江区	松江区	昂立1号R 优菌多颗粒（儿童型）	Q/ABAA0003S-2016	2016-09-06	2016-09-19
5	5a2e8a77cb2446ba865a8f57a573ff60	多美滋婴幼儿食品有限公司	浦东新区	浦东新区	调制乳粉（儿童用）	Q/ABAZ0008S-2016	2016-10-01	2017-02-01
6	530a80143c894a258da79c1530b3024f	新疆金丰源农庄食品有限公司上海分公司	闵行区	闵行区	干果类果仁制品	Q/WAES0001S-2016	2016-09-15	2016-09-19
7	d256471c9c29494f83ee80cc24ced089	上海台创食品有限公司	松江区	松江区	小麦粉制品（糕点预拌粉）	Q/TCSP0001S-2016	2016-09-23	2016-09-23
8	ebc0a334800e47dba5032781354027f2	上海恩典食品有限公司	金山区	金山区	风味蛋制品	Q/YABC0001S-2016	2016-09-28	2016-12-16
9	665279513bf1484d8ef4f29c27b00c98e	上海金麦油脂食品有限公司	金山区	金山区	人造奶油	Q/YABA 0001S-2016	2016-10-26	2016-11-16
10	b5cdbab71e284e9786c10304fd8f6f06	上海金麦油脂食品有限公司	金山区	金山区	起酥油	Q/YABA 0002S-2016	2016-10-16	2016-11-16
11	10572f222f2b41b7b6aaa275722a7a16	上海诚邦食品有限公司	松江区	松江区	小麦粉制品（糕点预拌粉）	Q/TACE0004S-2016	2016-09-30	2016-10-01
12	cb4a4aceb6ab474daa0a7f70e9607432	上海诚邦食品有限公司	松江区	松江区	小麦粉制品（面筋粉）	Q/TACE0005S-2016	2016-09-30	2016-10-01
13	907e8fa8df47403190e851b6636c4462	上海亮新食品饮料有限公司	闵行区	闵行区	麦胺（蛋白固体饮料）	Q/WBAR0006S-2016	2016-10-01	2016-11-14
14	d5567592968948deacfcdc2dea614d6f	上海优猛食品有限公司	闵行区	闵行区	烘焙预拌粉	Q/WBAG 0004S-2016	2016-10-01	2016-10-01
15	fe2d5373e47f4b0db354d1b6c898c402	上海喜德旺食品有限公司分公司	松江区	松江区	水果干制品	Q/TBAL0003S-2016	2016-10-10	2016-10-10
16	5d6b5b90143e4293a01b0128b851b1c7	上海禾博生物制品有限公司	闵行区	闵行区	诚富康牌魔力素胶囊	Q/HBSW0001S-2016	2016-10-10	2016-10-10
17	808ad321c3944260bc0a536e6c1a79a3	上海花冠营养乳品有限公司	松江区	松江区	幼儿配方乳粉（Ⅲ型）	Q/ABET0003S-2016	2016-10-10	2016-10-10
18	f4d044a0945f4a19b4a99accbb3e4ebc	上海花冠营养乳品有限公司	松江区	松江区	较大婴儿配方乳粉（Ⅱ型）	Q/ABET0002S-2016	2016-10-10	2016-10-10
19	99d43c4819d244d7957a36a255a754a3	上海花冠营养乳品有限公司	松江区	松江区	婴儿配方乳粉（Ⅱ型）	Q/ABET0001S-2016	2016-10-10	2016-10-10
20	c61e2ffa35b642e40e395c90fdbbd952	上海瓶债酿造股份有限公司	崇明区		露酒	Q/TPXF0001S-2016	2016-10-13	2016-11-01
21	feef562901bd4557914bca3ee96f09ed	上海佳果蔬果有限公司分公司	松江区	松江区	干制菊花茶	Q/JGSU0001S-2016	2016-10-13	2016-10-18
22	4b6e259a784e4937a8467212816d5719	语心食品（上海）有限公司	松江区	松江区	西式烘焙类糕点	Q/TBBR0002S-2016	2016-10-13	2016-10-26
23	5490463baeff147a5b6901f49365e8168	上海家乐福食品工业有限公司	松江区	松江区	烘炒咖啡	Q/TAPC0001S-2016	2016-10-17	2016-10-19
24	75ad361275a040db65cfedab4d2b9d90	上海闽龙实业有限公司	浦东新区	浦东新区	红枣夹果仁制品	Q/BBBB0004S-2016	2016-10-15	2016-10-21
25	f533a1e9aa3c423294642a6179b87db4	上海春芝堂生物制品有限公司	闵行区	闵行区	沙棘蓝莓汁	Q/WBAV0005S-2016	2016-10-20	2016-11-13
26	d26629274a32444aa5cc70161dfb164c	上海艾申特生物科技有限公司	虹口区	虹口区	艾申特牌辅酶软胶囊	Q/AANB0004S-2016	2016-10-18	2016-10-18
27	e06932cfc40d4345985bc56ac541f75ea	上海新源生物技术有限公司分公司	松江区	松江区	莴果克牌维生素AD钙锌咀嚼片	Q/ABIF0002S-2016	2016-10-18	2016-10-18
28	e08b08401e4449b3aa1a0a3f91c66a54	上海金好尔保健食品有限公司	嘉定区	嘉定区	加州颖牌护胃胶囊	Q/ABBE0042S-2016	2016-10-18	2016-10-18
29	d503e1ec71364da59850bd266b95acda	瑞丽（上海）生物科技有限公司	松江区	松江区	汤姆康灵芝甘草胶囊	Q/ABBV0005S-2016	2016-10-18	2016-10-18

课程九　食品安全标准信息服务平台

食品安全企业标准备案的外网公示公开平台位于上海卫生监督信息网-上海市食品安全标准服务平台(spaq.hs.sh.cn),平台包括食品安全标准查询、食品安全标准宣贯、食品安全国家标准跟踪评价、食品安全地方标准跟踪评价、食品安全企业标准备案前公示、食品安全企业标准备案后信息公开六项内容。

一、平台概况

平台的六个模块中,食品安全标准查询模块同步自国家食品安全风险评估中心的食品安全国家标准数据检索平台(含地方标准)(http://bz.cfsa.net.cn/db),食品安全国家标准跟踪评价模块同步自国家食品安全风险评估中心的食品安全国家标准跟踪评价及意见反馈平台(http://bz.

cfsa.ney.cn:9001/)。食品安全标准宣贯模块由市卫生监督所食品科进行维护和日常更新,食品安全地方标准跟踪评价及意见反馈平台由上海市食品安全地方标准审评委员会秘书处进行维护和收集意见。

二、公 示 模 块

(1) 公示页面中可以通过企业名称和所在区县筛选公示中的企业标准及相关内容。通过左侧列表框选中任意一条记录(标准名称和企业名称)后,右侧显示食品安全企业标准公示具体信息,包括公示开始日期、企业名称、标准名称、企业联系人信息、标准文本等内容,其中标准文本中可以下

载不含封面和页眉的标准文本 word 版本、严于食品安全标准的理由和依据 word 版本以及其他说明材料三项内容。

(2) 社会公众在查阅企业标准文本具体内容后可以向企业反馈意见,可以直接向企业联系人电子邮箱发送意见,也可以通过在线建议项目直接在线反馈意见。

三、公 开 模 块

(1) 信息系统运转以来,市区两级卫生计生行政部门备案后企业标准均可以在该栏目查询。公开内容包括标准号、备案号、标准名称、企业名

快捷查询: 输入企业名称 查询

标准号	备案号	标准名称	企业名称	标准文本	备案部门	发布日期	实施日期
Q/VBAA 0001S-2017	310116 0230S-2017	[illegible]	[illegible]	下载	金山区	2017-08-02	2017-08-02
Q/CXSP0001S-2017	310113 0228S-2017	[illegible]	[illegible]	下载	宝山区	2017-07-31	2017-07-31
Q/BXLY0001S-2017	310113 0229S-2017	五谷杂粮	[illegible]	下载	宝山区	2017-07-31	2017-07-31
Q/ABAT0005S-2017	310000 0206S-2017	[illegible]	[illegible]	下载	上海市	2017-07-30	2017-07-30
Q/NBAQ0005S-2017	310114 0225S-2017	三明治	[illegible]	下载	嘉定区	2017-07-28	2017-07-28
Q/AATV0004S-2017	310000 0226S-2017	[illegible]	[illegible]	下载	上海市	2017-07-27	2017-07-27
Q/MBAK0002S-2017	310112 0227S-2017	[illegible]	[illegible]	下载	闵行区	2017-07-25	2017-10-01
Q/NBBP0002S-2017	310114 0222S-2017	[illegible]	[illegible]	下载	嘉定区	2017-07-25	2017-07-25
Q/SSFY0001S-2017	310000 0223S-2017	[illegible]	[illegible]	下载	上海市	2017-07-21	2017-07-21
Q/ABIP0006S-2017	310000 0224S-2017	[illegible]	[illegible]	下载	上海市	2017-07-21	2017-07-21
Q/BBAH0008S-2017	310115 0220S-2017	拉面	[illegible]	下载	浦东新区	2017-07-20	2017-07-20

称、标准文本、备案部门、发布日期、实施日期等内容。2014年7月1日—2016年7月1日经上海市卫生和计划生育委员会备案的企业标准的企业名称、标准名称、备案号、有效期、标准文本等内容可以通过左上角链接进入查询。

(2) 点击下载按钮可以查看/下载经备案的企业标准全文。

课程十　食品安全企业标准备案系统常见问题问答

(1) 公示期已满20个工作日,标准为什么还在公示中?

答:根据《上海市食品安全企业标准备案办法》,公示期不少于20个工作日,公示期满后需要企业自行登录系统,查看社会公众意见并提交预约。企业未提交预约的,继续公示。

(2) 为什么外网填写信息后点击公示/提交无反应?

答:点击公示/提交时系统会自动校验企业所填写的内容,并用红框标出错误内容、必填内容,请企业检查填写的内容是否正确、漏填。

(3) 为什么打印出来的标准文本封面上备案号为XXXX?

答:在完成备案前,企业也可以打印标准文本,此时打印出的版本封面中备案号为XXXX。备案完成后,系统才会生产备案号,此时打印出的标准文本封面上为系统自动生成的备案号。

(4) 网上政务大厅里的上海市食品安全企业标准备案事项与各区级网上政务大厅的食品安全企业标准备案事项有无区别?

答:没有区别,无论市级、区级,任一备案事项均可以正常登录备案系统。

(5) 为什么在企业严于的食品安全标准项目中找不到 GB/T 10789 等标准?

答:《饮料通则》GB/T 10789 不是食品安全国家标准。该项目每天实时更新,与食品安全国家标准、上海市食品安全地方标准数据库保持一致。